TRES MONTAÑAS

HAZ QUE LO IMPOSIBLE SEA POSIBLE

Tienes 7 poderes que puedes usar para activar el circulo de las manifestaciones en tu vida, también puedes ser un hacedor de milagros.

XIMENA PERLAZA

© XIMENA PERLAZA MILLAN
HAZ QUE LO IMPOSIBLE SEA POSIBLE

ISBN: 9781096657583

Reservados todos los derechos. Salvo excepción prevista por la ley, no se permite la reproducción total o parcial de esta obra, ni su incorporación a un sistema informático, ni su transmisión en cualquier forma o por cualquier medio (electrónico, mecánico, fotocopia, grabación u otros) sin autorización previa y por escrito de los titulares del copyright. La infracción de dichos derechos conlleva sanciones legales y puede constituir un delito contra la propiedad intelectual.

ÍNDICE

Recomendaciones

Introducción

PARTE 1: El origen

1. Las creencias crean un patrón mental.
2. Todo tiene una razón.
3. La vibración del pensamiento.
4. El poder del espíritu sobre la materia.
5. ¿Por qué no se manifiesta mi deseo?
6. La Simbología y el hexaedro de la creación

PARTE 2: Los 7 poderes de la llave de oro

7. Primer poder: Liberación, por el fuego sagrado.
8. Segundo poder: Oración, restablecer el orden y la armonía.
9. Tercer poder: Visualización, efecto fotoeléctrico.
10. Cuarto poder: Agradecimiento, atracción.
11. Quinto poder: Afirmación, certeza de la verdad.
12. Sexto poder: Aceptación, materializar la energía.
13. Séptimo poder: Dios - Yo soy.
14. La importancia del perdón.
15. Activar la llave de oro.
16. Sanación

Gracias a mis bellos hijos por su luz, a mi madre por creer en mí, a mi padre por su amor y a todos los que me dieron su apoyo incondicional.

Juan 17:21 Tú, padre, estás en mí y yo en ti.

AGRADECIMIENTOS

Bueno aquí lo mas importante realmente: Las personas que tenemos cerca, nuestros amores hijos, Padres, Amigos, familiares, Hermanos del alma. Quienes nos sirven de apoyo, aprendizaje, maestria, humildad, amor, rendicion y agradecimiento. A ti madre amada por creer en mi y jamas desfallecer asi todo pareciera sombrio. Eres una mujer admirables, inteligente, veraz, elocunte, y digna. T amo, hasta el infinito y mas alla, sin ti no hubiera escrito estas letras. Que gusto nos hayamos encontrado en esta vida para sanar nuestras heridas y repararlas desde el gusto, el amor y la opulencia del Señor. A ti Padre Amado, de ti te debo tantas cosas especiales, como la Valentia, la perseverancia, la locura, el agusrdiente, los hechos edificados desde el amor, y la comprencion. Tambien eres un ser de Luz y amanate de la vida. Que gran persona eres Pacho perlaza, creo que todos los aquí presentes podran decirlo. Graciss ti padre mio por estar en este vida y en otras mas, te bendicgo, te quiero, te adoro, Padre.

Y ahora por supueso a mis hijos Luca y Antoine, mis almas de luz que son mis angeles y vinieron a sostenerme en este proceder y camino, a veces muy arduo, si, a vces bastente intelgente y audaz para aprender de el. Gracias mis bellos amores, estaremos juntos hasta la eternidad si ustedes lo desean, yo simpre estare con ustedes. Ese es mi compromiso aquí en esta vida. Que la luz los acompañe donde quieran ir.

RECOMENDACIONES

Antes de iniciar la lectura de este libro quisiera hacerte algunas recomendaciones, puesto que el objetivo es que te sea del mayor bien posible; su intención es que te brinde el camino para lograr tus sueños y aprendas a hacerlo por ti mismo. Tomando esto en cuenta te sugiero:

1. Entra con una mente abierta, libre de lo que hayas aprendido, para aprender es necesario desaprender y reaprender.
2. No juzgues el contenido desde un punto de vista religioso, o una creencia ligada a un dogma; el libro está basado en la ciencia de la física cuántica y un proceso metódico para manifestar deseos o milagros.
3. Si encuentras conceptos que van en contra de tus creencias, la verdad de las cosas está en tu corazón, pregúntale a tu corazón cuando quieras saber una respuesta, y no escuches tu mente basada en el ego.
4. Si eres alguien que pasó su vida trabajando y al final no lograste tener la cantidad de dinero para ser libre financieramente este libro es para ti, si deseas encontrar el verdadero amor, este libro es para ti, si deseas conocer el verdadero ser ilimitado que eres este libro es para ti, si deseas liberarte del miedo a la felicidad este libro

es para ti o si deseas simplemente sentirte ligero y encontrar paz en tu vida este libro es para ti.

5. La ciencia espiritual actúa a su máximo poder cuando logras comprender que el futuro no existe, solo hay "AQUÍ" con el simple ejercicio de recordarse siempre mentalmente AQUÍ, lograrás comprender que solo AQUÍ son posibles tus deseos y adquieres el poder de transformar lo que quieras sin la falsa angustia del futuro inexistente. Mantén tu mente enfocada en el aquí!

6. Utiliza la Ciencia espiritual, como el discernimiento de la perfección del universo creado desde el amor para que todos nos podamos servir, está implícita la justicia porque no excluye a nadie ya que todos tenemos la capacidad de pensar y de sentir, la autocorrección del pensamiento revela la libertad del hombre si a su libre albedrío decide hacerlo, el fin último de los seres humanos es encontrar la paz y la liberación de los condicionamientos de la materia, el universo es luz vibrante de amor puro.

INTRODUCCIÓN

En el año 1999, cuando emprendí una nueva vida y me fui a vivir a París, llegaron unas situaciones extremas, que yo no sabía cómo sobrevivir a ellas, al punto de pensar en quitarme la vida, de todas maneras, lejos de llegar al hecho real, esos momentos fueron tan angustiantes, que cambió por completo la perspectiva de lo que yo había sido hasta ese momento. Lo que consideraba era mi Yo, mi personalidad, no eran nada. No tenía ningún poder sobre mi vida y sus acontecimientos. Estaba totalmente alejada de la verdad del "Yo soy". En ese punto de desesperación total, también tomé conciencia que nada podría ayudarme a salir de ese estado de angustia existencial suicida, si no lo hacía yo misma a través de la fuerza voluntad. En esa época no tenía ninguna de las herramientas que tenemos hoy en internet y nos ayudan con una guía para cualquier situación emocional. Lo único que yo sabía del mundo espiritual, era que existía la meditación y su objetivo consistía en permanecer en una mente vacía, centrándose en la respiración. Tomé este ejercicio como mi única salvación a la depresión.

Me encontraba sola, empezaba el invierno, y yo estaba en el momento más crucial de mi vida o me hundía en el abismo de la depresión, a rayar con la muerte a cada respiro o salía a descubrir qué era vivir. A través de esta práctica, descubrí que yo era la única creadora de mi vida. Que el fallo se encontraba en mis pensamientos, mi intención; cuando meditaba estaba centrada en encontrar el vacío, lo hacía para poder soportar la vida un poco, así encontrando el vacío lograba no pensar durante algunas horas al día, meditaba en la mañana y en la noche, pero como esto era literalmente una cuestión de vida o muerte, no dejaba pasar un solo pensamiento. Permanecer en el vacío, me llevó a otro encuentro, empecé a escuchar una voz que provenía de esa inmensidad dentro de mí, era la voz del Espíritu Santo, Lo sé ahora después de haber estudiado la ciencia espiritual. Su voz era clara, contundente, certera, sus enseñanzas era una verdad absoluta, y todo lo que me dijo se resume en que en tus pensamientos está la mente de Dios. Si haces la corrección de tus pensamientos encontraras la voz llamada Dios, expresándose a través de ti. Cuando logras esta liberación tomas conciencia que tú eres Dios, expresando una forma de vida por medio de tu ser. Cada persona tiene una esencia divina, que se halla en las profundidades del inconsciente. Es a través del proceso de pensamiento que te unificas con la verdad de quien eres. Esos meses causaron tal impacto en mí, que una vez descubrí que todo el poder estaba en mi mente, tomé la firme voluntad de corregir cada pensamiento negativo, que usaba mi ego para hacerme creer en el yo falso. Fue un trabajo tan potente, que en unos meses había logrado transformar todo mi yo, hice la conversión de pasar de la oscuridad a la luz, tenía un concepto del mundo tan erróneo, que esa era la razón por la que quería quitarme la vida. Mi auto concepto cambio por una imagen positiva de mi misma. Y no solamente encontré lo que deseaba, sino que mi vida, mi mente había cambiado por completo. Viví algo que ni siquiera hubiera podido imaginar antes de irme a vivir a Francia.

Después, La vida se volvió sincrónica, todo coincidía, las cosas aparecían de la nada, el dinero, la gente, el amor de los demás, el universo orquestaba todo a mi favor.

Con Cada día de meditación escuchaba su voz, que me indicaba cual pensamiento debía autocorregir. Por tanto, me llevó a descubrir por mi propia experiencia ese poder oculto que tenemos todos para crear la vida que deseamos, este poder es más grande de lo que imaginamos. Si nos entregamos a él, te puedo decir por experiencia propia, que te llevará a mundos desconocidos que jamás podría imaginar, liberar el inconsciente te lleva directo a descubrir tus capacidades, tu poder, quién eres en realidad.

Estas palabras fueron escritas con el propósito de transmitir algunas enseñanzas que recibí de la voz de la conciencia suprema (Dios) quien habita dentro de nosotros. Las escribo con la esperanza que pueda proporcionarte la llave de oro de cuanto deseo quieras realizar, que encuentres tu verdad, tu esencia, Esta llave si sigues el método descrito te abrirá el camino para hacer realidad tus deseos. Es importante decir que antes de poseer, lo que busca el alma a cada momento es "Ser", y ser no quiere decir nada más, que ser igual a Dios, ella te lleva a experimentarte en tanto Ser supremo y amoroso que somos.

También para explicarte que el Amor, es el centro de toda creación, de todo anhelo, cuando se basa el deseo en al amor, tiene un poder impulsor. En realidad, sólo existen dos cosas, Amor o Miedo, entonces el miedo debe ser desterrado por completo de tu deseo de obtener aquello que deseas. Esto supone que tu deseo, debe estar acorde a un mayor estado de plenitud del Ser. Deseas salud, dinero, éxito, encontrar el propósito de tu vida, piensas que la posesión de estas cosas te hará más feliz, sentirte en armonía con el mundo, pues precisamente es amor a sí mismo permitir recibir, amor hacia aquellos que te rodean y disfrutarán de tu éxito. Pero la posesión del dinero no te hará "feliz", te dará un motivo más para ser feliz, lo que descubrirás es que se trata de "ser" antes de poseer. Tu ser interior ya es feliz, lo que te propongo aquí es quitarle el velo a tu mente de creer en la falsedad del ego y hacer que sientas miedo el cual te mantiene en la infelicidad. Bajo creencias erróneas que has integrado en la mente subconsciente a lo largo de tus experiencias de vida. La voz que escuché me dio las sugerencias necesarias para aplicarlos a mi vida. Y la experiencia que surgió de esto cambió por completo mi manera de ver las cosas y en este sentido cambió por completo mi vida. Aprendí a vivir desde una perspectiva de poder, mi propósito es que aprendas que el poder ya lo posees, no te voy a enseñar a ser poderoso, sino a utilizar el poder creador que ya posees de la mejor manera.

El principio más poderoso que aprendí, es que el universo es mente, y que existe una ley de causa y efecto que gobierna todos los planos de existencia del ser humano. Por muy difíciles que tus experiencias pasadas hayan sido, el poder actúa sobre cualquier dificultad grande o pequeña. Te sugiero que trates de esforzarte en comprender lo que significa, Dios es mente, el universo es mente y poseemos la mente de Dios. Con ello quisiera que seas consciente del poder creador de tu mente. Las experiencias que vivimos quedan guardadas en la mente como recuerdos, pero si observas en este momento donde te encuentres, y tomas conciencia, ellas no tienen realidad material, sólo existen porque tú le das poder de existir a través de tu pensamiento.

El propósito es que a través del hexagrama de la creación, logres limpiar la mente inconsciente para dejar emerger la conciencia de tu verdadero yo, la verdad es que la perfección está implícita en cada ser humano, y que el pensamiento de Dios es el principio creador para que los pensamientos que no están acordes a la perfección sean corregidos y reemplazados por pensamientos de éxito, salud, amor, bondad, prosperidad. Esa conciencia está por debajo de la mente inconsciente puesto que no eres tu cuerpo sino un ser de pensamiento y emoción, para llegar a ella utilizas la oración, que es el mecanismo que corrigen los pensamientos y el segundo componente son las emociones, su alquimia se hace a través del fuego sagrado. Este método hará que las creencias limitantes y las emociones autodestructivas se liberen, lo puedes hacer hasta que encuentres que posees una mente iluminada.

Hasta que la conciencia del ser salga a la superficie. Pensarás como Dios piensa.

La corrección de un pensamiento erróneo significa que le das luz a tu mente para que ella actué desde su nueva perspectiva; haciendo este trabajo lograrás identificar cuáles son tus creencias que hoy impiden un perfecto desarrollo de tu "Ser" para que ellas sean curadas a través de oraciones poderosas, entregándolas a la mente suprema. La ley bajo la cual está regido el principio de perfección actuará para tí, porque precisamente, esta es su esencia, su "Ser", llevarnos al estado perfecto de todas las cosas, su centro de creación es luz, y nuestra mente debe volver a esa luz.

Así fue como descubrí la ciencia de la mente, Su estudio me llevó a descubrir que es mi "ser"; mi pasión de ser. Soy lo que soy, porque mi deseo de conocer el secreto de la vida me llevó a estudiar desde hace 18 años la ciencia de la mente. La he practicado hasta la desesperación, quería encontrar la llave para abrir cualquier puerta. Siempre estuve convencida que la vida tenía un código, o una ecuación o un método, para lograr cualquier deseo. Si el universo es matemático, su manifestación por consiguiente también tenía que serlo. Entonces La manifestación de los sueños también tiene una fórmula.

Me entrené en todo tipo de terapias como la Reconexión, la hipnosis, el Reiki, terapias alternativas de sanación, constelaciones familiares, regresiones, etc. Con el fin de encontrar la fórmula mágica. Durante todos estos años, no entendía por qué yo siendo arquitecta de profesión me apasionaba el mundo de la ciencia espiritual, Cuando en el año 2006 leí el libro "El secreto", ya por supuesto conocía el poder de la visualización, entonces empecé a practicarlo, diariamente sin ningún logro. Te enseña: imagina algo que deseas y siente como si ya lo tuvieras, pero yo no lograba manifestar nada de lo que imaginaba. Era como más bien desconsolador, y muy juiciosa, meditaba todos los días y visualizaba mi deseo que era esencialmente de riqueza en ese momento. Me imaginaba una bellísima casa, una mansión de descanso junto al mar, un auto de lujo; pero nunca logré manifestar nada de eso. Para muchos de ustedes pensaría que tampoco les ha funcionado la ley de atracción para la manifestación de riqueza o cualquier otro deseo.

A pesar de todo tenía el enfoque de seguir hasta encontrar la clave del sueño cumplido. Mi pasión y en lo que he invertido en gran parte de mi vida, ha sido comprender la ciencia espiritual. Convencida que existía un camino para llegar a la riqueza, a la sanación física o a cualquier sueño, después de vivir otros acontecimientos importantes que me llevaron a forzar la ley de atracción para que funcionara, entendí finalmente que ella opera desde 7 puntos simultáneos y cada uno posee las características para que la ley de atracción se cumpla.

Ya que nada es coincidencia y opera la ley de causa y efecto, descubrí que todos los acontecimientos son orquestados por el alma para que cumplas con tu misión en esta vida. Un día mágicamente tuve una epifanía y comprendí porque todos los sucesos que viví tenían una razón específica. A fuerza de la vida, o más bien, a voluntad del alma, varias experiencias, me llevaron a volverme un hacedor de milagros. Sin embargo, ninguno de esos milagros se sucedió de la misma manera, cada uno tuvo un detonador distinto. Ya fuera por la oración, la rendición, la aceptación, la gratitud, el milagro se hacía realidad.

Las leyes de la manifestación o de los milagros, son regidas por principios espirituales que aplican a cada situación. No es igual manifestar una necesidad de dinero en un momento crítico de algún proyecto en el que estés trabajando, a una manifestación para sanar una enfermedad, por ejemplo. Aunque el principio de todos los milagros es la vibración de tu emoción respecto a la situación. Toda manifestación si tiene algo en común, que es la conexión-emoción de tu mente subconsciente con el universo creador, en otras palabras, son la calidad de tus pensamientos enviando vibraciones de onda al manifestador por medio de la emoción.

Imagínate que el manifestador es el papel fotográfico, tu mente es la tinta de la imagen y *"la emoción"* es el químico revelador de la foto/imagen. Necesitas los 7 elementos para ver la fotografía, si te hace falta alguno de ellos, sin papel o sin tinta o sin químico revelador pues no tendrás tu foto. Dado que la manifestación es una aleación compuesta por imagen visual, creencia y emoción, y todos los ingredientes están en ti, no necesitas ir a ninguna parte exterior para lograr cualquier deseo.

Verdad No 1

Tú eres el sabio, tú eres el creador, tú eres el principio y el fin

---

Sólo en la práctica encontrarás el logro, los 7 poderes se practican diariamente, no será suficiente leer, ya que en la acción se hace el maestro. El camino podría ser arduo, o simple dependiendo en qué nivel de conciencia te encuentres ahora. Debes tener tu voluntad firme y seguir adelante. Tu deseo debe ser real, pero cuando llegues a manifestar tu deseo, te puedo decir, que ya tienes la llave del oro. Porque habrás comprendido el principio y cumplirás tu primer sueño y el siguiente también, hasta que seas un Dios ilimitado.

En este libro te explico en detalle cómo puedes lograr riqueza y también te explico cómo puedes lograr una sanación, pero el método es el mismo para cualquier otro deseo. Por medio de los 7 poderes, cualquier deseo se puede manifestar. No te voy a decir que es fácil y que no necesitas trabajar. Lejos de ahí, para lograr cualquier objetivo en la vida, es necesario trabajar por ello, analizar, llenarse de voluntad para llegar hasta el final.

También quiero que sepas que este libro no tiene nada de religión ya que no creo en ella, esto es ante todo un método práctico para reemplazar una mente errada y darle luz a la conciencia. Es de vital importancia, hacer los ejercicios, tómalo como un nuevo aprendizaje y como una herramienta de poder expresar la mejor versión de ti. Toma conciencia que una manera de sabotear tus logros es leer sin realizar la acción o la práctica necesaria en cada uno. Cuando esto sucede, está tomando el mando, la mente subconsciente, todavía, en el estado anterior de fracaso.

Cuando sientas resistencia a realizar lo que te propongo en los capítulos, sobrepasa tu resistencia y llénate de amor por ti, y sigue adelante, realiza el ejercicio, no abandones, la mente enferma, lo que más desea es que fracases. La mente te va a decir, sí ves, esto tampoco funciona, con este libro tampoco llegarás donde quieres. Esto es otro escrito más, como muchos de los que existen que no sirven, no vale la pena seguir adelante, para aquí. Esto es complicado, esto no es para mí, yo no soy espiritual, yo no me lo merezco, prefiero seguir en el estado actual, finalmente no estoy tan mal.

Recuerda que no hacer los ejercicios es resistencia al cambio dirigido por la mente errónea, pensar que pierdes el tiempo que más bien te dedicas, a cosas reales, como buscar clientes, que el esfuerzo es mejor, por lo menos te da la garantía de ganar un poco de dinero. Por el mismo amor, que te hace levantar cada mañana a hacer cosas que no te gustan, te pido, que lo intentes, que lo practiques, que sigas así sea molesto para ti.

Mi vida fue tan difícil en unos momentos y tan gloriosa en otros, que por supuesto elegí vivir en una vida feliz, Me tomó muchos años descifrar el camino, Aquí les comparto, muchos años de estudio y práctica de la ley que yo prefiero llamar ley de manifestación. Es mi manera de lograrlo, deben existir muchas otras maneras de llegar, que son valiosas, y que con ellas también lo lograrás. Esta es mi manera, con un poco de esfuerzo llegarás sin duda. Y después cuando descubras tu poder, comprenderás, que si te amas, te sientes digno de recibir, ya nada es demasiado para ti.

Te aliento a que cumplas con tus sueños, sigue este método, y cuando termines, por favor me lo haces saber. La intención de este libro, es librarte del pensamiento erróneo, que la vida es difícil, que debes luchar toda la vida para ser libre financieramente, y que la vida es limitada. Cuando tu deseo es muy grande, descubrirás que no haces nada por dinero, sino vas a encontrar la razón por la que estás en esta vida, encontrarás la razón de tu existencia.

Pide en grande, entre más pidas es mejor, pide sin límites, pide hasta que tu corazón diga por ahora es suficiente, pide mucho, no te límites. Entre más pidas, más fácil es. Entre más te amas, más fácil es, pedir es amor. Aceptar es amor, recibir es amor.

Pide, pide, pide...

Lo mejor es descubrir que la vida es infinita, y entre más cumples, más vas hacia adelante, en realidad la meta no existe, yo diría que son metas sucesivas pero la vida es más bien, recorrer el camino. El éxito, es una sucesión de logros que se suceden de manera continua. Entonces no vamos para ninguna parte, no llegamos a ningún lugar, ya estamos en ese lugar. Cuando nos volvemos conscientes de que aquí, donde estamos tenemos todo el potencial para co-crear, nos volvemos, poderosos.

Los 7 poderes de la llave de oro no son más que puro amor por todos aquellos que también han luchado, sufrido, llorado como yo. El éxito no es un azar, sino es un emprendimiento que se edifica cada día con tus acciones, y en el subsuelo del inconsciente está tu Ser magnifico que está en cada uno de nosotros sin excepción. Aprenderás a hacer milagros en tu vida, aprenderás a conectarte a la mente Crística, de que todo, está bien, de que todo está conectado en el amor, así, descubrirás en ti a Dios.

Manifestarás tus sueños, tus deseos, tus anhelos, Los más grandes.

Te deseo de corazón, que recibas lo que te mereces, ámate a ti mismo tanto como a tu prójimo, ama a tu prójimo tanto como a ti mismo, como esa frase, actúa el universo manifestador, de ti emana la energía que va a materializar o a cambiar tu vida de hoy y el universo lo devuelve, es el círculo de manifestación.

Ahora te invito que entres en tu jardín, a través de mi servicio, este, es mi trabajo, por lo que me he esforzado en comprender.

PARTE 1: EL ORIGEN

Tu eres entonces un ser de pensamiento y emoción, contenido en una masa celular cuerpo, el conjunto de tu ser emite frecuencias electromagnéticas al universo, todo en el universo es luz, E: m2, como todo es energía, cada palabra, pensamiento y emoción son onda y partícula a su vez, lo que quiere decir que eres frecuencia y materia. Así los 7 poderes cambian las longitudes de onda y vibración del universo espiritual, energético y material, de esta manera te conviertes en el creador de tu vida, Es tan sencillo hacer milagros que apenas lo podrás creer.

CAPÍTULO 1

LAS CREENCIAS CREAN UN PATRÓN MENTAL

En el Centro de la existencia de nosotros mismos, encontramos tantas razones para desear lo que deseamos. Así, fue mi vida, bastante intensa, llena de diálogos nunca contados, de abrazos faltantes no recibidos, palabras de amor no dichas. Todas las experiencias componen la sinfonía de la vida. Entonces, desde los primeros días del nacimiento y pasando por la concepción, recibimos una serie de vibraciones muy profundas del vientre de nuestra madre, ahí se empieza a tejer todos esos mensajes que nos llegan a la conciencia y luego pasan al inconsciente.

Entonces, desde esos primeros días de existencia, tú ya comienzas a formar tu red neuronal, ¿Qué es la red neuronal? La red neuronal, de manera simple son corrientes de energía electromagnética que han sido conformadas por *emociones en el cerebro.*

Todos los datos, todo cuanto nos sucede, queda codificado en forma de recuerdos celulares, algunos buenos, otros contienen creencias autodestructivas que constituyen la actitud con la que tú respondes ante la vida. Estas respuestas producen un estrés en el ser humano y son los responsables de todos los problemas que creamos en nuestra historia. La sustancia de estos recuerdos celulares es un patrón de energía destructiva en el cuerpo. La forma en que esos patrones se almacenan en nosotros es en forma de imágenes mentales. Entonces, la sustancia de los recuerdos y de las imágenes son la frecuencia de energía y frecuencia quiere decir vibración = Emoción.

Las emociones que emitimos, son la esencia de nuestras manifestaciones, así, desde los primeros días, desde tu concepción, recibimos vibraciones ya sea de felicidad o de tristeza, frustración, pobreza, escasez, auto-destrucción, bueno, en fin toda cantidad de cosas, algunas también fueron positivas, pero en su gran mayoría fueron negativas, he ahí la dificultad para lograr una vida exitosa en todo sentido.

¿Qué quiere decir esto?

Que tú eres el producto de todos esos recuerdos, además tu "yo soy" está determinado principalmente por dos cosas: 1. La infancia hasta los 6 años y 2. El entorno social y familiar La mente subconsciente es el lugar, donde están grabadas todas las creencias e imágenes. Es importante anotar, que nada de eso que haya sucedido durante tu niñez es culpa de nadie, todo sin excepción, viene de ti mismo, porque el alma, busca expresar su máxima esencia en la tierra. Eso, es un llamado del alma, de ti mismo, antes de venir a este plano de existencia. Lo que experimentas en la vida desde siempre, es tuya, tú decides, tú tomas lo que te pertenece.

Mi vida, fue una vida de contrastes fuertes, cuando hablo de contrastes, para los que conocen a Esther Hicks y Abraham, me refiero a que el contraste, es el opuesto, a lo que tú realmente deseas, En el lado opuesto a quien eres realmente. Así en los momentos duros, tristes, de escasez, sentimos ese contraste tan fuerte. El cual queda grabado en nuestro corazón, nos dejan las emociones de incapacidad, el no puedo, las creencias que no merecemos, nos volvemos impotentes ante nuestros sueños más queridos. Todo queda grabado en el inconsciente y se convierte en las creencias limitantes que ahora definen quienes somos.

Pero cuando tienes sucesos continuos positivos, será más simple lograr el éxito, en esos casos la utilización de las afirmaciones será productiva, ya que tu inconsciente está más cargado de luz que de oscuridad. Ahora vas a comenzar a remplazar todos esos pensamientos negativos en positivos, si sufres un suceso muy fuerte el sistema de sobrevivencia se activa, y te va a orientar en la dirección correcta para tu salvación. Ahí es cuando la mente de Dios interviene directamente y te dice: Oye, todo lo mejor es para ti, acalla tu ego, encuentra el silencio, ámate, siéntete orgullosa de ti, se tu más profundo Ser, encuentra tu Diosa, ama a Dios, desea conocerlo, experimenta lo más grande.

Es en esos casos, cuando tomas una decisión de utilizar el poder disponible, ¿Y qué sucede? Que ahora tomas del manjar de la vida, todo lo que deseas está a tu alcance, estás con el sol radiante sobre ti. Porque lo que hiciste fue encontrar y utilizar tu poder creador de felicidad.

Con cada práctica de meditación, aprendí a permanecer en silencio mental durante el día, me di cuenta que me volvía muy intuitiva, yo sabía las cosas antes de que sucedieran. Dejé que la conciencia de Dios emergiera del fondo y tomara el mando, deje la luz entrar con nuevos pensamientos, Corregí tantos conceptos erróneos, creía que uno debía sufrir para ser feliz, eso es una falsa creencia. ¿Cómo, es que debemos sufrir para ser felices? No, de ninguna manera, se es simplemente feliz y punto. Sin adornos. También aprendí a saber, que todos los pensamientos negativos, de duda, de amargura, tristeza etc… venían de una voz opuesta a la verdad, la llamo "la mente del simio", esa voz que habla y cotorrea sólo para jodernos la existencia. Esa es la voz del ego, pero yo logré descifrar cuando hablaba. Así fue como entendí que por detrás de los falsos pensamientos se encuentra un paraíso por descubrir. "todo siempre está bien" es la voz del ego que quiere decirte lo contrario, no te dejes engañar, esa es la serpiente del paraíso, esa voz que quiere decirte que estás en pecado, que hay algo mal, que el diablo existe. Pero no, ninguna de esas figuras existe, sólo existe el bien, sólo existe el amor. Y como tu mente es la mente del bien ilimitado, y sobre las creencias hemos basado todo lo que somos o no somos capaces de ser, entonces, piensa ahora ¿cuáles son tus creencias que no están acordes sobre una vida plena en todos los sentidos? Ahora estás pensando: ¿no es posible tener una vida plena? ¡Esa es una creencia limitante!

Por ejemplo:

"A mí nunca me llega nada bueno"

"Será después que yo sea rico por ahora hay que trabajar"

"Es mejor sacrificarse que la vida fácil"

"Algo siempre sale mal"

"Solo con sacrificio se logran las cosas"

"Yo no he hecho nada para que me llegue algo bueno"

"Ser rico es para los demás"

"Hay que fijarse solo en la realidad"

"Sólo lo que ve es la realidad" así que siga a la realidad

"Yo no soy capaz"

"Estoy muy viejo para eso, eso es difícil y toca trabajar"

"Ya a mi edad, nada sucede" lo que fue, fue...

De esta manera pensaba yo, estaba llena de creencias falsas, ideas preconcebidas negativas, mi mente llena de información falsa. Cuando me di cuenta de eso, decidí hacer una dieta mental, hice un gran esfuerzo y empecé a reemplazar todas esas ideas, por su contrario. Tomé cada una de las frases en mi cabeza sobre cada tema, sobre el dinero que tanto hace sufrir a la gente, sobre sentirme completa, sobre creer que me merezco todo, porque hay otra frase muy común que siempre escucho "sino es lo uno es lo otro" de todas maneras algo está incompleto, pase lo que pase. Te propongo que tomes el tema que deseas manifestar y escribas tus creencias limitantes. Esos pensamientos crudos sin juzgarlos, sin arreglarlos y tampoco justificarlos, te dan el soporte para luego hacer la corrección mental. Es importante ser completamente sinceros sobre ello, así, sacarás a la luz tus creencias, y la otra forma de hacerlo es observar el patrón de tu vida, que se repite y que quieres cambiar, lograras entender lo que está almacenado en tu inconsciente y ello es lo que te hace actuar de una manera, Elegir, tomar acciones incorrectas, así descubres los pensamientos que se reproducen en la pantalla de tu realidad. Ese es tu telón, lo que ves.

Las cosas que observas en tu vida son el telón de tus pensamientos, pero eso es una película, y el universo está en continuo movimiento, lo que hoy vives puede cambiar en un instante, el presente es energía en potencial devenir y lo que ves hoy es probable que cambie mañana. Nunca una escena es fija porque la vida está en continuo cambio. Si te das cuenta, si piensas en tu infancia, piensas cuando tenías siete años, y te acuerdas de esos momentos. Las situaciones que viviste, fueron en ese momento, pero, por obvias razones, esas imágenes ya no se reproducirán más porque tú has crecido. Y ahora son otra cosa, muy diferentes, a las que vives hoy.

Yo me dije, bueno, si los pensamientos, son el motor de la creación, y estos se activan con emociones, entonces, hay que pensar en lo que amo, en lo que más deseo ser, en lo que me hace sentir feliz. Así, empecé a practicar mi dieta mental, la que me lleva a ser lo que deseo ser. Entonces cada día apenas me despierto oro, y después practico esa nueva forma de pensamiento, forzó a mi mente a cambiar, creo en mí, creo que todo está siempre bien, creo que la vida es pura energía de felicidad. El gozo, llena mi vida. Tomo esta conciencia, de reemplazar esas antiguas creencias en las nuevas verdades que sé ahora. Quiero ofrecerme lo mejor, lo más bello, lo que más amo. Voy hacia donde mis sueños me quieren llevar. Cada vez que me encuentro pensando en algo, si me doy cuenta que es algo negativo, lo que hago, es que reemplazó esas ideas por otras ideas, que alimentan el alma.

Empiezo a repetirme, que la vida es ahora, es bella, así como es hoy es siempre, sólo existe hoy, presente substancia eterna, Dios.

Toma un papel ahora, y escribe tus creencias Esto es importante hacerlo aquí, escribe, en una lista, todas las creencias que tienes respecto al tema que trates, si es el dinero, la salud, encontrar la pareja perfecta, una carrera exitosa, el propósito de tu vida, revisa las frases de arriba, y escribe las tuyas también. Escribir es el primer paso para liberar, eso le da un carácter especial. Las hace existir, para ser transmutadas a otro estado de conciencia. Entonces, escribes tus creencias y al frente vas a escribir su opuesto positivo, escrito, de tal manera que sea positiva y mejor en forma de sugerencia, te repites estas verdades, durante el día, así, harás tu dieta mental.

Piensa que es simple, esto es simple...

Es simple, escribir unas frases y hacer su contrario, esto me tomará no más de 20 min.

Te sugiero hacer este ejercicio ahora, por ejemplo así:

1. El dinero trae tragedias
Verdad: el dinero atrae a más felicidad

2. El dinero en exceso es del diablo
Verdad: nada es demasiado para mí, si Dios está por mí, ¿quién estaría contra mí?

3. Las cosas fáciles no existen
Verdad: la vida es simple y fácil, yo fluyo en el amor.

4. Hay que sufrir para lograr algo en la vida

Verdad: el sufrimiento es sólo mi elección, yo elijo ser feliz siempre, elijo amar, amarme, darme lo mejor.

5.   Esta vida no me gusta, pero hay que tener paciencia si eso es lo que quiere Dios
Verdad: Si yo soy mente divina creadora, tomo la espada del triunfo y voy tras él. Dios me guiara de la mejor manera de llegar.

6.   Yo acepto lo que diosito quiera darme
Verdad: Elijo ser el creador de mis días, así hoy elijo triunfar, recibir, agradecer

7.   El dinero es el origen de todos los males
Verdad: el dinero es el resultado de trabajo, amor, merecimiento, y el origen de una vida de mucha alegría

8.   Es mejor ser pobre pero honrado
Verdad: ser rico se hace también con honradez, puedo ser rico y honrado

9.   Es mejor ser pobre que tener problemas
Verdad: me encanta ser rico para que cuando se presenten problemas, los resuelvan los que saben, soy rico y vivo ligero y tranquilo

10.   Es mejor ser pobre como Jesús, la pobreza me santifica
Verdad: me gusta pensar que me merezco lo mismo que tiene Dios, le pertenezco a Dios, soy su hijo/a, así que todo está bien

11. Lo malo de ser rico es que estás solo
Verdad: lo bueno de ser rico, es que puedo invitar más a quienes me rodean, tengo nuevas oportunidades de conocer más gente porque me doy el gusto de ir por muchos otros lugares, gracias a que soy rico

12. Lo malo de ser rico, es que no tienes amigos
Verdad: yo sé que la esencia de la amistad es el amor. El dinero sirve para estar en compañía de muchos amigos, con nuestra riqueza viajamos a visitar nuestros amigos, si fuera pobre no podríamos compartir tanto tiempo

13. Lo malo de ser rico, es que todo lo puedes comprar
Verdad: Lo bueno de ser rico, es que puedes comprar a otros, donar a otros y esto también trae mucha felicidad, en dar encuentro un sentido a mi vida profundo

14. Lo malo de ser rico es que te aburres de no hacer nada
Verdad: Lo bueno de ser rico, es que tienes tantas actividades que desees aprender, practicar. Me siento feliz jugando Golf en las mañanas, me siento emocionado de aprender a tocar el acordeón, de tomar clases de danza, de skysurf, me encanta ser rico, porque puedo disfrutar de muchas cosas nuevas

15. Yo merezco poco, a mí que no me paguen mucho
Verdad: yo merezco todo, por ser simplemente hija de Dios, por ser quien soy, lo merezco todo, no soy culpable de nada, la culpa es una

idea falsa, me encanta sentir que me lo merezco todo, gracias a mi tenacidad, entrega,

16. Me da vergüenza hablar de mí, me aburre hablar de mí, me encuentro poco interesante ante los demás, yo no soy interesante, ni importante
Verdad: me encanta saber que la mayoría de la gente me aprecia, que mis palabras son valiosas, que me representan, y me siento orgullosa de hablar de mí, me libera hablar de mí, porque en ello encuentro una fuente de intercambio hacia los demás, interactuar con los demás es mi nueva fuente de felicidad

17. Yo no soy importante
Verdad: yo soy importante para mí en primer lugar, yo importo simplemente, yo existo, y soy hija del rey, mis palabras tienen poder transmutador en amor

18. Yo no le importo a los demás
Verdad: soy hija única, nadie es igual a mí, así, qué si soy única, hay algo en mí que es también único, desde el señor dios de mi ser, me expreso a través de esa característica única que me hace hija del Rey. Me importa mi vida y la vida de los demás, yo importo

19. A mí me toca sola y difícil, con gran esfuerzo logro poco
Verdad: ahora retomo mi poder, todo es fácil y simple, lo hago simple cada vez más, sin esfuerzo logro grandes sueños

20. Pensar en riqueza es una pérdida de tiempo la realidad es otra, a uno le toca difícil
Verdad: pienso en abundancia, pienso que merezco lo mejor, creo en mí, pensar en riqueza toma el mismo tiempo que pensar en pobreza.

Así que me enfoco, en las cosas que me gustan para crearlas

21. Las cosas son difíciles para mi
Verdad: las cosas son fáciles para mí porque yo las hago fáciles, ahora soy simple, directa, amorosa, éxito y feliz

22. Cuando estoy esperando algo bueno, llega algo malo que lo daña
Verdad: ahora permanezco en la corriente del amor, me siento en armonía, estoy en armonía, pienso en armonía, me siento en armonía conmigo misma y con los demás, todo fluye en armonía siempre

23. Hay que luchar para lograr las cosas, la vida es una lucha
Verdad: la vida que más amo es la vida que merezco, no necesito luchar sino amar, ahora amo todo y lo agradezco, me siento en gratitud, gracias, gracias, gracias

24. La vida no es fácil
Verdad: la vida es fácil, así lo acepto, esta es la verdad del amor, la vida es fácil y simple

25. Es mejor dar que recibir

Verdad: agradezco tantas bendiciones que recibo cada día en mi vida, desde la sonrisa de mi hijo cuando se despierta hasta el beso de buenas noches, recibir me pone en sintonía con el todo

26. En mi familia todos sufrimos de alguna enfermedad,

Verdad: yo estoy completamente sana

27. El amor perfecto no existe

Verdad: acepto y atraigo el amor y ahora estoy completo

28. Jamás logro hacer nada bien

Verdad: soy un ser perfecto en todo lo que hago

29. Deseo ser exitoso, pero algo siempre se interpone en mi camino

Verdad: el camino está libre de obstáculos, el bien infinito no conoce demoras ni bloqueo todo fluye a mi favor

---

Verdad No 2

Si remplazas tus creencias por nuevas verdades, tu red neural va a emitir otras frecuencias y vas a manifestar esas verdades.

CAPÍTULO 2

TODO TIENE UNA RAZÓN

En la época de Salomón, había un campesino que deseaba tener un reino. El campesino se va a visitar al sabio quien le dice que, para tener un reino, debe subir a la cima más alta y construir allí una cabaña. El campesino se va, y en su camino le da limosna al mendigo. Sube hasta la cima y con el estiércol del asno pega las piedras con las que construye la cabaña. Cuando ve que no pasa nada, baja al pueblo y va a ver al sabio y le dice que ya construyó la cabaña y no pasó nada. Entonces el sabio le dice que debe desarmar la cabaña y poner cada piedra en su lugar. El campesino va, trata de recordar donde tomó cada piedra, entonces desarma la cabaña y ve que aún no sucede nada. Baja a donde el sabio y le dice que debe volver a armar la cabaña. El viejo sube, arma la cabaña, y vuelve a bajar, el sabio lo manda a deshacer nuevamente la cabaña; el campesino ya cansado de eso, vuelve a hacerlo nuevamente hasta que el invierno no lo deja más. Hasta que llega una tormenta y rompe toda la cabaña. Entonces el viejo baja. Cuando llega a la primavera, el hielo se empieza a derretir, y las piedras que él había tomado para construir su cabaña comenzaron a rodar de la cima de la montaña a su casa, las piedras tenían la veta madre, Oro.

Así, es otra manera de producir milagros, cuando sabemos que lo hemos hecho todo, hasta el cansancio y no queda más que rendirse. El acto de rendición, es la absolución de la carga, es la entrega al bien de Dios. El campesino, sabía que lo había hecho todo, el trabajo se realizó, ahora no queda más que rendirse.

Entregarse a la voluntad divina, nos lleva al cielo. A experimentar el paraíso, así comienzan a hacerse milagros sucesivos. Tú dices, me entrego y creo en el bien. Si Dios está por mí, quién puede estar contra mí.

- ¿Cómo sé que el universo es pura energía?

Como les conté en 1999 cuando sufrí de una terrible depresión que me llevó a querer suicidarme, encontré en la meditación una práctica con la que logré salir de ese estado y además llegar a un estado de conciencia superior. En una noche de meditación, cuando entraba en el vacío del espíritu y esa sustancia y yo nos fundíamos en Uno, y me sumergía en esa sensación del TODO y la NADA, sin conceptos, ni palabras, cuando el Todo es el Vacío, permanecí enfocada en un punto en el infinito. Cuando sucedió algo que jamás se volvió a repetir, en ese punto focal se abrió una brecha en el universo, algo se rasgó, hubo una apertura en el telón oscuro que veía durante la meditación y entré a un lugar de una luz incandescente, todo brillaba, todo era energía, pura luz. Comprendí que el universo, nuestro cuerpo, los seres humanos, la tierra, las galaxias, todo es energía, detrás de la oscuridad se haya la luz, E: mc2.

Verdad No 3

Somos y hacemos parte del TODO universal

- ¿Cómo logré manifestar 2,5 millones de dólares?

Como el campesino de la historia, cuando volví a Colombia emprendimos un proyecto de construcción, contábamos con unos recursos, pero la mayor parte del dinero debía venir de un préstamo bancario, eso no fue posible por una serie de acontecimientos desconocidos. La obra ya estaba en construcción cuando nos enteramos de la negativa del crédito. La situación se volvió en extremo crítica, no teníamos el dinero para continuar con la obra, y ya en ese momento habíamos invertido todo nuestro capital más el capital de los clientes, y aún faltaban 2 millones de dólares para terminar. Realicé todo lo que era humanamente posible para salvar el proyecto, pero no encontré ninguna solución. Ahí decidí rendirme y aceptar lo que yo no podía cambiar. Ese mismo día fui a orar a la iglesia y encontré una oración, "oración para casos urgentes" al cabo de 9 días, recibí una llamada de alguien que estaba dispuesto a dar todo el dinero que hacía falta. Si el lee este libro, quiero que sepa que siempre le estaré agradecida.

Verdad No 4

La rendición es un acto de amor y de valentía, porque ya no queda más que la fe

¿Cómo logre manifestar $ 25.000 dólares?

En la mitad de un diciembre, contaba con 3 dólares en mi cuenta bancaria, no tenía trabajo, ningún proyecto pendiente, nada. En esos días escuchaba las enseñanzas de Abraham Hicks, a pesar de lo oscura que estaba la situación decidí escucharlo y seguirlo, sus videos me llegaban diariamente sin yo elegir cual iba a escuchar, en uno de ellos me dijo: no hagas nada sólo agradece, no tomes ninguna acción, sólo se feliz y agradece, cambia tu patrón vibratorio; al mismo tiempo hice una dieta mental y oraba apenas abría los ojos, al cabo de 1 semana recibí la llamada de alguien que me dice que quería comprar mi material pero sólo lo necesitaba en 5 meses, algo que yo estaba vendiendo hacia 4 años pero él lo quería comprar ahora.

Verdad No 5

Sólo se necesita de la mente y la emoción para manifestar dinero

- ¿Cómo logre sanar a mi hijo?

Al cabo del tercer mes de embarazo, me hicieron una ecografía, y mi hijo mostraba los dos riñones atrofiados, entré en embarazo de alto riesgo, en cada ecografía la situación era peor, sus riñones estaban cada vez más afectados, parecían totalmente dañados. En esos momentos de alta angustia, fui a ver una señora con un desarrollado sentido espiritual y me dijo que orara, cada noche oré hasta su nacimiento, el día que nació, le hicieron una ecografía, y el resultado fue, un riñón atrofiado al 100% por ciento y el otro sano al 100% Por ciento.

Verdad No 6

Nada se resiste a la oración, podemos superar la muerte si así lo decidimos

- ¿Cómo encontré el propósito de mi vida?

Decidida a manifestar abundancia, utilizaba la visualización cada día como lo describe Genevieve Berand, me imaginaba disfrutando de una vida plena, con todos los bienes materiales, pero después de muchos meses nada funcionaba, No lograba ninguna manifestación, hasta que un día, tomé el ejemplo del cheque y puse una cifra realmente muy alta, pensé que tenía que ser suficiente para que no tuviera que trabajar nunca más. Ahora me imaginaba que recibía el cheque, el dinero con gran detalle, Pero un día lo que sucedió mientras hacía la visualización, fue que me llené de una inmensa emoción de haber logrado todo lo que quería, sentía que estaba resuelto, que ya poseía todo lo que había soñado, sentí que estaba hecho, y escuché en mi corazón que los milagros qué había logrado debía escribirlos y transmitir esa enseñanza. Así, comprendí que todo sucede por una razón y ese es su propósito, todo tomó sentido, las piezas estaban unidas al fin y había encontrado algo que buscaba hace 18 años, el propósito de mi vida.

Verdad No 7

Entre más te ofreces, más recibes

Esto es una revelación de la fuente universal (Dios), y sus propósitos respecto a lo que venimos a compartir a través de la experiencia, creemos que son obstáculos y que las cosas no son como queremos, pero en lo profundo son el propósito de nuestra vida, para que los comprendamos, superemos y aprendamos de ellos. Una vez realizamos la experiencia quedan grabadas en la mente y no volverá a perderse porque lo que se vive con intensidad se vuelve una creencia.

Preceptos sobre Las verdades del yo:

1.   Todos estamos interrelacionados, somos uno, yo soy en cuanto usted existe, El "yo" no puede reconocer su esencia si no tiene comparación para reconocerse en otro. Nadie existe sólo para sí.

2.   Los pensamientos o ideas sin actos, no son nada, sólo en la acción y en los actos, podré reconocer la existencia del pensamiento. La acción materializa el pensamiento. Le da sustancia para existir. El acto le prueba al universo su real deseo de realización.

3.   El universo en el que vivo es mental, a través de la experiencia mental creó una realidad falsa o verdadera, el ego me mantiene en una experiencia falsa, la conciencia o guía suprema es la verdad.

4. El tiempo no existe, el tiempo es una ilusión, si quitamos el sol la tierra quedaría en completa oscuridad, entonces cómo podemos determinar el día de la noche y saber cuántas horas transcurrieron sino tengo un elemento que me lo indique. Solo existe el eterno presente, y estados mentales de conciencia cada vez más elevados, El más alto es el de Cristo, quien reconoció su divina conciencia en Dios y superó la muerte física. " yo soy la resurrección y la vida".

5. La mente subconsciente busca probarse a sí misma en tanto ser, y busca experimentar situaciones en la comprobación de su creencia. Si cambia la mente subconsciente ella buscará experimentar otras situaciones que serán la realidad de su vida.

6. La mente es un simio hablador, ejercite su mente para que el simio hable acerca de lo que usted quiere escuchar.

7. La tarea más difícil es encontrar el equilibrio, identificar cuando habla su conciencia superior y cuando habla su Ego.

8. Vivir en el momento presente le da poder para crear, el pasado quedó en el recuerdo de su mente, además es inmodificable. Y el futuro no existe, el único lugar de poder es el presente. Si usted observa, sus ojos ven el momento presente, ¿o acaso puede usted devolver el tiempo un segundo atrás para experimentar la realidad de ese momento?

9. En la corrección del error mental está el secreto.

10. El poder de la mente tiene el mismo poder creador de dios.

11. La energía universal de la más alta vibración es el amor

12. Todo el poder que fue y será está aquí y ahora

13. Soy un centro de expresión para la primera voluntad

14.   A través de su infalible sabiduría toma forma de pensamiento y palabra

15.   Lleno de entendimiento de su perfecta ley, soy guiado momento a momento por el sendero de la liberación

16.   De las inagotables riquezas de su ilimitada substancia extraigo todas las cosas espirituales y materiales

17.   Reconozco la manifestación de su indesviable justicia en todas las circunstancias de la vida

18.   En todas las cosas grandes y pequeñas veo la belleza de la expresión divina

19.   Viviendo de esa voluntad sostenido por su infalible sabiduría y entendimiento, mía es la vida victoriosa

20.   Espero confiado la perfecta realización del eterno esplendor del pensamiento, palabra y obra, confío mi vida, día a día, al firme fundamento del ser eterno

21.   El reino del espíritu está incorporado en mi carne

22.   Mi mente es un centro de operación divina; operación divina significa, expansión en algo mejor que lo que hubo antes. "Troward"

CAPÍTULO 3

LA VIBRACIÓN DEL PENSAMIENTO

La ley de manifestación está basada en las vibraciones que emiten los pensamientos que enviamos al universo cuántico receptor de la energía. Cuando piensas, pones vibraciones en movimiento de un nivel muy elevado, igual de reales a las vibraciones de luz calor, sonido o electricidad. Este concepto ya ha sido ampliamente comprobado y documentado científicamente. Tu tarea aquí, es comprender este concepto para usarlo en tu beneficio. La onda vibratoria del pensamiento, es más poderosa que la onda del calor o la luz. Como el ojo humano, no está capacitado para ver ondas de radio, ondas de sonido, negamos la existencia de la energía universal y no tener la capacidad de verlas no quiere decir que no existan. Todas las ondas vibratorias que los humanos no son capaces de ver, ni oír, son medidas por aparatos que si los captan, entonces, para el cerebro existe una brecha en lo que es creíble o no, que está directamente relacionado, sobre lo que es capaz de ver o no. Tu cerebro niega la existencia de las ondas vibracionales del pensamiento ya que no es capaz de siquiera percibirlas. Cuando conocemos a alguien, percibimos de la persona algo que recibimos sin saber verdaderamente cual es la fuente y lo vamos a catalogar de una cierta manera. Esa información viene de su campo energético. Ahora Supongamos, que nuestro pensamiento, funciona como los imanes, con un poder magnético que existe y sin embargo no lo vemos, el imán tiene un poder magnético que atrae hacia sí, el mismo material del cual está compuesto. Atrae metal, entre más potente es el imán, puede atraer cientos de kilos de metal. Así como el imán, estamos enviando ondas magnéticas, a través del pensamiento. Estamos atrayendo de lo mismo de lo que están compuestos los pensamientos. Nuestras ondas de pensamiento, no sólo nos influyen a nosotros y los demás, sino que tienen un poder de atracción de acuerdo al pensamiento más repetitivo. En lo que te enfocas con mayor frecuencia a lo largo del día, es el pensamiento director co-creador de tu realidad. Tú tienes la capacidad de elegir cuáles son los pensamientos predominantes. Ellos pueden ser autodestructivos o armoniosos y sabemos de qué tipos son observando la vida que tenemos.

La mente existe para que la utilices, tú tienes el poder de dominar el pensamiento. Dominando la mente, lograrás recuperar el poder de tu vida para el logro de tus deseos, tú tienes el poder de elegir, elegir es triunfar. Más de la mitad de la población mundial está dominada por pensamientos de baja vibración; lo vemos en la pobreza, y en los conflictos. Tú tienes el poder de manipular tus pensamientos, no que ellos te manipulen a ti. Cuando tomo conciencia de la calidad de mis pensamientos, si son negativos, cambio de inmediato, y siento una nueva sensación de confort. Cuando los pensamientos son negativos, automáticamente se está generando estrés, y el cuerpo empieza a reaccionar con sensaciones de angustia, preocupación y desaliento. La vibración del pensamiento, determina la sensación de bienestar o de preocupación; así mismo es su manifestación. Con el "Enfoque" mental en lo que deseas, le estás dando a la mente la vibración correcta. Entre más te enfocas y piensas en lo deseado, te darás cuenta que todo se empieza acomodar y las cosas se vuelven sencillas. La máquina mental de creación, está subyugada a tu voluntad, de pensar en lo deseado. Hay millones de personas capaces de enfocar sus pensamientos en lo deseado y por ello han alcanzado el éxito. Por supuesto no es la única razón del éxito, pero si un gran componente. Para la mente cuando expresas tus pensamientos como: No quiero este trabajo, no quiero ser pobre, no quiero…. Estás diciendo sí quiero, La negación es una afirmación, por esto es tan importante enfocarte en lo que deseas. Elige lo que quieres, no elijas lo que no quieres. Cuando te levantas en la noche preocupado por un asunto, estás alimentando a la mente creadora para que siga produciendo de lo mismo. En ese momento o cualquier momento del día, donde te pilles, utilizando la mente en la vibración negativa, preocupándote por algo, inmediatamente reemplaza la vibración, quiero decir, reemplaza el pensamiento. Utiliza la ley de sustitución. Es inútil luchar contra un pensamiento inaceptable con el propósito de acabarlo, entre más dices, no pensaré en eso, más piensas en eso. Entonces esa misma energía que utilizas en negar cámbialo por crear, sustituye el pensamiento, por algo de lo deseado.

Suéltalo, cambia, utiliza tu poder de voluntad. Céntrate en el nuevo pensamiento. La atención solo puede centrarse en un pensamiento. Quedándote en la preocupación sigues enviando a la mente creadora esa vibración. Libérate del miedo. En el universo sólo hay amor o miedo. Elige el amor, elige soltar pensamientos estresantes, elige pensamientos de poder, armonía, y felicidad. Estamos inmersos en un universo vibratorio, somos una sola energía que emana del corazón, en realidad el gran creador son tus emociones, pero ellas son posteriores al pensamiento y tu vida depende de los pensamientos que elijas, también puedes elegir tener emociones positivas siempre, esto dispara la armonía pero como no elegiste tu enfoque atraerás esa energía que sientes. Probablemente la respuesta será algo que te hace verdaderamente feliz y tú no eras consciente de ello. Eres un generador de emociones con un componente vibratorio que se comunica de forma instantánea al universo. ¿Entonces qué le quieres decir al universo?

Si no eliges tus pensamientos, la mente del ego lo hará por ti Y te puedo decir que será un desastre tu vida. Estarás estancado, siempre en la necesidad, en la escasez, siempre hará falta algo para estar en plenitud, a veces te va bien y otras no, y crees que eso es lo normal. Despertar a la voluntad de elegir, controlar los pensamientos y controlar qué queremos sentir, es una de las llaves maestras. Las personas que no eligen están muertas, a la deriva de lo que la vida les quiera ofrecer, eres la veleta que se la lleva el viento Y peor aún dices, que sea lo que Dios quiera. Te recuerdo que tú eres Dios así que reafirma la fuerza vital en tu interior. Empieza a tomar conciencia de tus pensamientos, esta es una dieta mental que requiere gran energía, pero no más energía que para elegir pensamientos negativos. Se requiere de más energía para sostener algo negativo que algo positivo.

El enfoque del pensamiento positivo, te dará alegría, entusiasmo, vitalidad. Deja de hacer las cosas a medias, y empieza a interesarte en lo que piensas, haces, y hablas. Es asombroso cuando cambiamos de perspectiva, como empieza la vida a ser interesante, con sólo estar despiertos a lo que pensamos, las cosas ordinarias de la vida cambian a nuestra vista. Con el enfoque constante y positivo, estamos reafirmando la condición humana inherente de felicidad que nos es propia. El mundo necesita de gente viva, que afirmen su poder y su derecho a la felicidad. Entre más gente así exista, su poder de atracción hará que otras personas quieran seguir el mismo camino. Estas frecuencias de pensamiento van al flujo de conciencia de todos los pensamientos, entonces cuando la frecuencia vibratoria de tus pensamientos es alta estás ayudando para que la conciencia colectiva suba de vibración. Los pensamientos de alta frecuencia son los del Ser, la vida, la armonía, la unidad, la continuidad, son los pensamientos del amor, de la alegría, del genio. Esto estará originando un motor creador, que funciona en espiral ascendente, esta fuerza de energía vibratoria crece en cada uno de nosotros, contagiando a las personas que estén cerca nuestro. Quisiera que practiques diariamente el poder del pensamiento creador de todo cuanto deseas. Te has enfocado en la acción exterior, el trabajo de campo a veces nos da los frutos que deseamos, pero el trabajo interior si da los frutos que deseamos, Esa es la diferencia.

La ciencia mental es un poder comprobado científicamente y para ejercerlo basta de tu fuerza de voluntad. Cuando no te sientas capaz, pídele al señor Dios de tu ser que te de la fuerza, cuando lo haces es un maestro el que habla, cuando lo haces permites que frecuencias de pensamientos más altas entren en tu conciencia y tendrás un saber interior. Y lo que sabes desde tu interior queda grabado con la emoción y es un saber irrefutable creado desde la verdad del ser. A veces hay traumas muy graves que no somos capaces de controlar y para ello también existe una solución, los códigos curativos del Dr. Alexander Lloyd, que te los explicaré más adelante.

En condiciones normales, si estás dispuesto a mejorar tu vida te propongo que seas radical en la dieta mental y gracias a eso en sólo unos meses mi vida de 22 años hasta el momento cambió por completo, es tu elección cómo lo quieres hacer. La manera radical, es que no dejas pasar ni un solo pensamiento negativo, serás implacable con la mente falsa. Te garantizo que vas a manifestar en proporción a tu ser radical, la mente falsa se comporta como las sirenas en la película La Era del hielo, te muestra un encantamiento que te atrae hacia un mal negocio, una mala relación, a no escuchar tu cuerpo, y ¿por qué sucede esto? Porque el yo interior no está alineado con la verdad de su ser... Y busca en lugares equivocados, esa es su función, mantenerte alejado de un mayor entendimiento. Ya que el inconsciente está lleno de creencias falsas. Si depuras el interior tus elecciones van a cambiar y vas a elegir cosas que te traigan éxito, felicidad y plenitud, también tu manera de hablar y de pensar determinan cuánto te permites ser y poseer.

El otro Método Kaizen consiste en hacer sólo un pequeño cambio todos los días, con la mejora continua en la calidad de nuestros pensamientos, ya estaremos en vía directa a la creación de un nuevo mundo. Utiliza tu fuerza de voluntad a pequeñas dosis diarias, es importante, que todos los días digas: sólo por hoy todo está bien, estoy en el lugar correcto, haciendo las cosas correctas. Cada día, piensa en que todo está bien, siempre todo está bien. Piensa en esto, hasta el total convencimiento de ello. Cuando te levantes piensa, todo está bien, convéncete de esto, porque esta es la verdad universal de la ley del amor. Todo está bien, aquí y ahora todo está bien, todo funciona de la mejor manera posible. Enfoca tu mente en el bienestar, en la armonía, conéctate a la fuente. No trates, simplemente hazlo, no te niegues el bienestar, ¡afírmalo! Tratando no lograras nada, intentando tampoco. Si te encuentras diciendo trataré, quiere decir que nunca lo lograrás. ¡Lo haré! Afirmar te da el poder necesario para lograrlo. No pierdas tu vida si tienes las herramientas para cambiarla.

Verdad No 8

Afirmar te da el poder necesario para lograrlo

Afirmar, crea un mundo nuevo de inmediato, todo está bien, estoy haciendo lo correcto, estoy vivo, me encuentro y me siento en armonía.

Afirma, enfoca, piensa, repite en voz alta: "Todo está bien, hoy y siempre, me siento en armonía, estoy en armonía, estoy haciendo lo correcto"

Abraham Hicks, siempre nos está hablando de ello, del poder que tiene pensar en que todo está bien, así mantienes tu pensamiento en una frecuencia de manifestación alta. Cuando pienses en imágenes negativas del pasado, de tu niñez, de algún fracaso, finalmente todo ya es pasado, Repite esto con firmeza: "eso fue antes, esto es ahora, así tomas el camino de menor resistencia, que es pensar en "Todo está bien ahora" si estás preocupado, estás en el camino de resistencia, si estás fluyendo piensas "todo está bien ahora"

Utiliza el poder de la palabra, y del pensamiento, afirmando tu condición de ser el único que tiene el poder de cambiar tu vida. Retoma tu poder de manifestar otra vida.

La ley de vibración, que es la ley de atracción, van a vibrar en esa frase: "todo está bien ahora" entonces qué sucederá? ¡Que todo está bien ahora Con tu voluntad de pensamiento, no permitas que la mente dude, ahora tu sabes! ¡Yo sé! Sólo sabiendo permites que suceda. Es sencillo, si no sabes no sucede, dale la energía que requiere. No ir en la dirección del cohete es ir en contra corriente.

Lanza cohetes de armonía, y tendrás armonía. Lanza cohetes de tristeza y tendrás tristeza. ¿Qué sencillo es cierto?

Verdad No 9

Sobrepasa tu realidad presente, sintonizando la mente en lo qué quieres, así hoy estarás cambiando tu mañana. Solo en el hoy cambiaras tu mañana. Sólo hoy cambias el mañana.

Atraes frecuencias de pensamiento de la misma vibración Por eso se llama la ley de atracción. Aunque tu cerebro fue diseñado para recibir frecuencias de pensamiento de la mente de Dios, de la totalidad del conocimiento, se activará para recibir sólo las frecuencias que tú le permitas recibir. Tu cerebro está condicionado a permitir entrar sólo aquellos pensamientos que son permitidos por tu entorno social, tu familia, tus amigos, todo lo que fue construido durante tu infancia, y cuando razonas con pensamientos limitados, no permites vivir una vida ilimitada, muy pocos lo han comprendido, por eso hay tan pocos billonarios en el planeta. La gran mayoría de las personas sólo se permiten recibir un conocimiento de baja frecuencia, determinado por su entorno inmediato; los pobres siguen siendo pobres ya que la pobreza es sólo mental, no tiene nada que ver con tener o poseer. Tú crees que se crea riqueza teniendo riqueza, ese es un pensamiento limitado. La única razón por la que un billonario lo es, es porque se ha permitido sobrepasar los condicionamientos sociales, ha permitido abrir su mente a pensamientos ilimitados, él ha dejado que la mente de Dios se manifieste, y su tarea es seguir la voz a través de su acción externa. Y el resultado es que su genio habla por él, actúa por él, piensa por él. Así se crean los grandes negocios. Pero si empiezas desde la acción sin escuchar tu verdad interior te puedes pasar la vida trabajando y al final serás igual de pobre. Lograste sobrevivir, pero jamás dejaste aflorar el genio que encontró la lámpara de los deseos cumplidos. Tienes la lámpara en tus manos, pero si no la frotas y pides, el genio de la lámpara no sale, te confirmo que hoy tienes la lámpara en tus manos, la estás leyendo, sólo frótala o sea toma las acciones necesarias y tu genio sale. Por eso este libro se llama la llave de oro, esas son las acciones que si quieres utilizar te abren la puerta de los deseos cumplidos.

La única razón por la que alguien es un genio y sabe cosas que tú no sabes es porque él ha abierto su mente para contemplar las posibilidades, los pensamientos extraordinarios y brillantes que van más allá del pensamiento limitado. Él se ha permitido considerar estos pensamientos mientras que tú los has rechazado.

Los verdaderos pensamientos semejantes a Dios son los que te dicen que todo es posible, todo lo puedes, todo te lo permites, tener una mente cerrada, es estar cerrado a la posibilidad de cualquier cosa que exista fuera de los valores experimentados anteriormente. Sin embargo en el reino llamado Dios, nada es imposible. Si algo se puede concebir e imaginar es porque existe, ya existe en el universo y tú vas a traerlo y hacerlo material. Cualquier cosa que se permita ser pensada existe, y cualquier cosa que te permitas pensar vendrá a tu experiencia ya que tu campo electromagnético lo atraerá.

El tiempo de manifestar un deseo, no tiene ninguna relación con el tiempo cronológico que conoces, el factor tiempo es un concepto nulo, porque aquello que tú deseas existe en la realidad inmaterial. Fue producido por tu alma, no viene de tu mente egótica, sino de la mente de Dios. Te preguntas, ¿en cuánto tiempo voy a manifestar lo que deseo? El tiempo está determinado solamente y enfatizo en eso, en el tiempo que dures en saber, integrar en el inconsciente que todo deseo que nos traiga más alegría y gozo a nuestra vida ya está ahí disponible, puesto que ese es el deseo del alma. Lo que lo niega es la mente falsa. La manera de TENER lo que deseas, se hace a través del SABER, sabiendo manipulas el inconsciente para que trabaje desde ese concepto, ya no estás diciendo "si quizás" o cuando me llegue lo que deseo... esas son palabras basadas en la duda, y no en el saber. Y como te expliqué el tiempo de manifestación está determinado por la creencia que se tiene. Entonces, ¡ahora sabes! Que es tuyo, ahora sabes que estás sano, ahora sabes, que eres abundante, ahora sabes que tienes la pareja ideal. Cuando pienses y hables de tu deseo las primeras palabras que vas a pronunciar serán! YO SÉ! YO SÉ que estoy sana !YO SÉ que encuentro un excelente empleo, ¡YO SE, que mi negocio es exitoso! Este es el antídoto de la duda, porque para manifestar no puede existir la duda. ¡Siempre debes saber, si no sabes, jamás recibes, ¡YO SÉ! Son las dos palabras más importantes para TENER éxito en cualquier campo.

Cuando las pronuncies y las pienses, vas a sentir una sensación extraña, esa es la resistencia del ego, de la mente del simio, porque él odia que tú sepas, le encanta que siempre estés en la duda, y duda es miedo a ser Dios. Y la tarea del ego, es que estés en una frecuencia baja de pensamiento, separado de lo que es tuyo, por lo tanto, has creído que tus deseos y tú son dos cosas diferentes. Cuando sientas esa sensación extraña, sigue afirmando que sabes, te mantienes; así la sensación y la resistencia sean muy fuertes, continua, hasta que sientas definitivamente que tu deseo y tu son uno, el ego es la contraparte de la mente de Dios porque para que Dios pueda reconocerse en tanto Ser Dios, debe existir su opuesto, Para que puedas conocer el bien debe existir el mal, para que puedas conocer la luz debe existir la oscuridad. Eso sucede en tu mente, coexisten dos fuerzas, y para que puedas conocer a la entidad llamada Dios, debes conocer a su opuesto que es la mente del ego.

Sabiendo, sabrás, que tú eres ilimitado, si ahora piensas, YO SÉ que todo es posible, creas un nuevo flujo de pensamiento ilimitado, pero el ego es tu parte que se niega a permitir que todos los pensamientos sean recibidos, y contemplados para una mayor realización de tu ser. Al ego le gusta permanecer en la raya de la sobrevivencia, atrapada en la mente colectiva que le brinda seguridad, nada que no encaje en esa frecuencia el ego lo acepta, entonces el pensamiento ilimitado, es el opuesto de la mente falsa. Si quieres encontrar un flujo de pensamiento de alta vibración, ve a la naturaleza el mayor tiempo posible, obsérvala, contempla su esplendor, ella es ilimitada, conéctate a esta verdad. Observa una montaña, ¿acaso ella se ha negado su grandeza? Si te quieres conectar con tu esencia ve a la naturaleza, permanece en silencio, sin hablar, escucha tu interior, aleja los pensamientos, y pregunta al señor Dios de tu ser, lo que deseas saber.

Así es la conciencia de Dios. Deja que entren nuevas corrientes de pensamiento ilimitado, que se graben en tu alma y así se vuelvan una experiencia en tu vida, el flujo es continuo y circular, entre más dejes entrar pensamientos ilimitados más llegarán a tu experiencia manifestaciones de esa frecuencia.

Para los que conocen la terapia de constelaciones familiares, Tus pensamientos son corrientes eléctricas que vienen del flujo de la conciencia, es desde este flujo de conciencia que la terapia actúa, sus participantes entran en escena para manifestar lo que está grabado en el flujo y así reparar y armonizar la energía atrapada en la situación. Entonces traer a la conciencia un pensamiento de alta vibración va a modificar la corriente eléctrica de la conciencia de tu ser, como es luz, va a penetrar cada parte de tu cuerpo bajo esta vibración. Esta es la razón por la que los pensamientos estresantes, crean enfermedades, su frecuencia eléctrica se cristaliza en la materia cuerpo, y dependiendo del contenido del pensamiento ataca un órgano.

Como el pensamiento alimenta continuamente cada célula, todo el cuerpo responde a su impulso eléctrico, la totalidad de tu cuerpo responde a las frecuencias más altas que son el amor, si te quieres sanar de alguna enfermedad, envía frecuencias de amor para que tus células se reparen. Es así como el efecto del pensamiento, experimentado a través de cada célula, crea un sentimiento, una sensación, una emoción, dentro del cuerpo. Ese sentimiento es enviado a tu alma donde quedará grabado. El alma entonces graba esa sensación en forma de emoción para usarla como referencia, lo que se llama memoria. El alma lo que graba es su esencia en forma de emoción, ella no graba palabras ni imágenes mentales sino las sensaciones que ha recibido producto de las palabras e imágenes mentales. Gracias a tu experiencia emocional el alma te enviará a seguir experimentado las mismas situaciones, pero como ella no juzga si son buenas o malas su función es reproducir lo que ella tiene en su banco de memoria. Eso es lo que llamamos Karma, hasta que tú cambies las emociones, dejarás de reproducir el mismo patrón vibratorio. Entonces, ¿cómo cambias el Karma? Cambiando tus palabras, e imágenes mentales, para así crear una nueva emoción que te da alegría, felicidad, y así el alma reproduzca esa manifestación en tu vida. La emoción, es la llave de la manifestación, entonces, tu trabajo es llenarte de emociones de alegría, tú debes elegir las situaciones, palabras, imágenes mentales que te produzcan felicidad. Los 7 poderes de la llave maestra, actúan sobre los aspectos del "Ser", para crear, ordenar, armonizar, atraer y sentir y por consiguiente materializar tú deseo. Esto hace, que la resistencia a la acción o tomar malas decisiones se disuelva y tú cumplas con las acciones correctas para llegar al éxito. La acción es solo el resultado del cambio de frecuencia del pensamiento, cuando ya está integrado en ti, la acción es tan simple que fluirá con la corriente de la vida. ¡Ahora sabes qué hacer! Tu alma te llevará a la experiencia, un nuevo camino está ahora trazado.

¿Cómo sabes que tu deseo se ha cumplido? Por medio de la emoción, el conocimiento es totalmente un sentimiento, no puedes conocer un pensamiento hasta que lo sientes. Conocer un pensamiento es aceptarlo en tu cerebro y después permitirte sentirlo, experimentarlo a través de tu cuerpo. El conocimiento no es la prueba de tu deseo ni de ninguna cosa, es la certeza emocional de él. Una vez tienes el sentimiento dentro de ti, entonces puedes decir: "LO SÉ, lo siento, lo sé". Dentro de ti yace la llave maestra de todo cuanto quieres poseer. El sentimiento lo logras a través de una construcción mental, esos son los 7 poderes que tienes a tu disponibilidad desde ya. No necesitas dinero, para manifestar dinero, sino grabar el saber a través de la emoción en la totalidad de tu ser, así el verdadero conocimiento se transforma en manifestación. Cualquier conocimiento que te permitas recibir se convertirá en una realidad, primero en tu cuerpo, a través de la frecuencia eléctrica del pensamiento, para que este sea registrado como emoción. Cuanto más ilimitado es el pensamiento mayor será su frecuencia, de igual manera el sentimiento. Ese sentimiento entonces quedará grabado en tu alma con una frecuencia determinada, pasa entonces a tu campo electromagnético el cual actúa como un magneto, para atraer hacia ti lo que se asemeja sin importar su contenido, al conjunto de actitudes de tu forma de pensar. Tu campo electromagnético atraerá hacia ti, las situaciones, personas, cosas que crearán los mismos "sentimientos" experimentados en tu cuerpo a raíz de tus pensamientos. Adquiriendo así la experiencia convertido en saber. Es la emoción, la que viaja a través del campo electromagnético y llega al flujo de conciencia llamada Dios, y ella se devuelve hacia ti, para producir la misma emoción que experimentó tu cuerpo. Entre más sabes, con absoluta certeza, y mayor es la emoción, más rápida va a ser tu manifestación.

Dios, está en ti, para experimentarse a través de la experiencia del saber ilimitado, para que comprendas que cualquier dimensión de Dios, es posible con el pensamiento ilimitado ya que lo que busca el alma es ser Dios, es volver a casa. Cualquier pensamiento que te permitas conocer se manifestará tan pronto lo sientas, nunca es una cuestión de tiempo sino de emoción. Así que puedes ser lo que quieras ahora mismo. Entonces, tus pensamientos son luz, frecuencias eléctricas, que son a su vez tomadas por el quantum, y este los trasmite a la masa a través de la emoción, para manifestar tus deseos todo lo que tienes que hacer es sentir cualquier cosa que desees y la emoción viaja al reino de la luz llamado Dios y él te lo devuelve en experiencia en tu vida para que te experimentes en tanto Dios.

CAPÍTULO 4

EL PODER DEL ESPÍRITU SOBRE LA MATERIA

Tú no eres tu cuerpo, tú eres la conciencia que te da la vida, tú eres energía, luz, vibración, y tu alma es eterna, ella es el disco duro que almacena todos los pensamientos, emociones y experiencias que has tenido durante los eones de tu existencia. Tu poder es tan grande que a través de la conciencia llamada Dios dentro de ti que se expresa a través de tus pensamientos puedes modificar la materia, la materia es energía cuántica condensada, o sea luz. El poder del espíritu (mente) con tus procesos de pensamiento modifica la estructura molecular de la materia con sólo tu voluntad, si comprendes que todo en el universo es energía, tu mente tiene la capacidad de reconectar, modificar, reparar, liberar la energía oscura en luz divina. Así, reparar las células de tu cuerpo dañadas, simplemente ordenando con tus pensamientos que sean cubiertas de luz divina semejantes a Dios y así se hará. Tu poder es tan grande que puedes mantenerte joven, superar a la muerte física causada por alguna enfermedad. Puedes hacerlo para ti o cualquier persona sin importar la distancia, puedes despertar a alguien de un coma, puedes reparar las células cancerígenas, Así te vuelves un ser ilimitado, con tu pensamiento que también es luz, modificas la luz. El poder del enfoque atrae hacia ti el contenido de tu pensamiento. Todos sin excepción tienen este poder, ¿y cómo lo haces? Limpiando, ordenando, y liberando tu mente subconsciente del yo falso. Realmente no se trata de reprogramar la mente sino de dejar pasar la conciencia de tu verdadero yo, que se haya en las profundidades de tu subconsciente, es quien llamamos Dios.

Dios es un proceso de pensamiento que te permite ser y tener todo lo que desees. Dios, es amor puro por ti, tan perfecto que todo lo que tú pienses es; Sin importar su contenido, porque él no juzga, por esta razón, es que de tus pensamientos proviene tu vida. Tu acción externa es la síntesis de tu acción interna. Dios, tu ser superior te permite ser todo lo que desees, si tu deseo es ser Dios así será, Si tu deseo es ser miserable así será. Lo único que te impide ser libre, es tu yo falso. No necesitas reprogramar tu mente sino liberar el espacio ocupado por el yo falso, llevarle luz, entrar en un estado de liberación mental, poner tu mente en la nada, así en su lugar llenas de pura energía divina tu ser, y literalmente desintegras las creencias limitantes, porque entre más juzgas entre malo o bueno, más interpones tu ego antes del yo superior. Las cosas simplemente son, las personas simplemente son, y tú dejas que sean, el prejuicio te mantiene en una posición defensiva, pero sí en cambio decides fluir con la vida tal como se presenta y desde la perspectiva que siempre detrás de las nubes oscuras está el cielo azul, que siempre hay algo mejor aún que esperar, tu mente llamada Dios lo manifestará, la mente errónea ante la misma situación te dirá que estás en situación de peligro, que hay que temer a algo, que entres en estado de preocupación, las soluciones perfectas se presentan si tu mente fluye con la ligereza del amor. ¡Entre más tienes una mente errada tu vida es más difícil, o crees que es así!

Cuando la energía de las creencias falsas esté liberada de tu mente, la conciencia se unifica y ya no existe la separación entre la mente del yo y la mente de Dios, adquieres un poder tan grande que lo que pienses es, la dualidad entre obtener tus deseos y la negación desde el yo falso desaparece, porque tu estado de conciencia ha llegado a la verdad de tu ser. Es cuando tu vida está en armonía, tú ahora sabes que eres la conciencia llamada Dios, despiertas a una mente iluminada porque ahora permites que sea ella, quien piense, actúe hable, en lugar del yo falso.

Visualizar, es la técnica que utiliza la imaginación con el fin de imprimir tus deseos en la fuente de manifestación. Tu mente proyecta por medio de imágenes, entonces visualizamos a cada instante de nuestra vida, ya que nuestros pensamientos son expresados en imágenes. A cada momento estamos imaginando o recordando, lo que quiere decir que estamos en continuo uso del poder natural del universo para crear, así seas o no consciente de ello.

Es a través de la imaginación que tus ideas toman forma en la materia, ellas están determinadas por las creencias profundamente enraizadas en nuestros recuerdos, todos usamos este poder, pero el resultado material de él, está directamente relacionado con la calidad de nuestros pensamientos. De ahí, parten, todos los problemas que tenemos respecto a la creación de riqueza, los vacíos, limitaciones, enfermedades y tus ideas negativas sobre la vida.

La imaginación, es en su naturaleza ilimitada, es tu aptitud para crear una imagen mental de lo deseado, Por eso es que todos poseemos este poder de crear una vida ilimitada, las limitaciones sólo vienen de tu propia mente, expresadas en creencias. Con la imaginación creas una imagen mental de lo que deseas, con ello, sabrás ahora que estás utilizando la fuente de toda manifestación, unido con la seguridad de que cada imagen mental está alimentando a la fuente para darle forma material a tu deseo, a medida que visualizas, cómo tu cerebro está conectado al corazón, empiezas a crear la emoción necesaria que es en realidad el motor de la manifestación, es en la emoción donde se cimienta la certitud que tu deseo está cumplido, entonces el asombroso poder de la fe, actuará determinante en la acción externa. Tu deseo será una experiencia en tu vida una vez has logrado sentir la emoción de tenerlo, imaginando alimentas la luz divina y así la certeza porque sólo el sentimiento da vida material a la manifestación. Si Dios es la energía que te da vida, y él sólo existe a través de la emoción, el proceso de pensamiento en la visualización es creación de una imagen superior de ti mismo, así entiendes una pequeña extensión del pensamiento llamado Dios. Tu yo superior es la imagen mejorada de ti hasta un pensamiento ilimitado.

Si utilizas la visualización como un hábito diario, tu imaginación te permite crear imágenes precisas ilimitadas, accediendo a una vida plena, con cada visualización vas a adquirir el sentimiento de confianza, de que el poder creativo está actuando por ti y a través de ti.

Pensarías que muchos podrían desear lo mismo que tú, y esto podría ser causa de preocupación, pero lo cierto es que la abundancia es ilimitada, y el universo tiene mil formas de expresar la abundancia para que llegue a tus manos. La fuente es poder absoluto, tú no debes nunca preocuparte de cómo va a venir tu deseo, o si es demasiado. Simplemente enfoca tu visualización en lo que deseas, suelta el cómo y el cuándo, porque lo que estás haciendo es dando orden al poder creador de materializar de forma armoniosa con el orden divino. Si sientes un bloqueo o que lo que pides no es correcto, suelta, sé consciente que tu mente falsa es la que te limita, sé determinante, manteniendo la imagen deseada de una manera constante. La imagen deseada sin voluntad suficiente no se materializa, pero si tu voluntad es más fuerte vas a lograr inhibir cada pensamiento contrario a tu imagen mental.

Por eso es tan importante ser firme sobre tu imagen mental, Cambiar de deseo a cada visualización, es quitarle el tinte a la imagen fotográfica, tu imagen se verá desvanecida, sin contraste, quiere decir, sin lo necesario para tener una imagen nítida que será impresa en la energía cuántica y una vez tenga la densidad que tú le has dado gracias a la constancia y determinación, ella se hace materia. Tu imagen mental debe ser fuerte, clara, estable, y determinada, por esta razón para la manifestación de la abundancia, determinar un valor del dinero, imaginando que recibes un cheque con ese valor, es un valor objetivo que el universo creador recibirá de forma clara y concreta y no habrá ambivalencia, desenfoque o falta de tinte.

Cuando te enfocas en visualizar tu deseo, a medida que vas haciéndolo, lograrás ver imágenes más nítidas, al principio quizás esas imágenes no tengan mucho color, ni detalles, pero con la práctica comprenderás, que este ejercicio es una comunicación directa con la fuente divina, y tus imágenes cada vez serán más claras. Todo cuanto existe proviene de una imagen mental que ya fue proyectada en la pantalla del flujo de conciencia, esa idea se expandió y se proyectó hasta hacerse realidad por medio de tu voluntad y la fuente de toda creación. Cuando visualices, pide a tu verdadero yo, que lo haga por ti, pide a la conciencia suprema que te habita que actúe en tu lugar. Sólo si tú lo pides ella lo hará ya que en el universo existe la ley del libre albedrío, y ella no ejecutará ninguna orden sin tu pedido.

En este plano físico, vivimos una experiencia material, proveniente de la substancia divina que se encuentra en tus imágenes mentales, como lo definió Troward, "tu mente es un centro de operación divina" y no hay poder que detenga esta combinación, tu mente y tus imágenes mentales, están compuestas de la misma substancia divina con la que toma forma física el mundo. La naturaleza del espíritu es imaginar, por lo tanto crear, las imágenes mentales, voluntarias o inconscientes. La fuente sólo responde al orden del universo con hechos concretos plasmados en la realidad. De ahí, que tu realidad sea lo que es hoy.

Nada puede impedir que tu imagen mental se convierta en materia, solo tú tienes el poder de cambiar la materia a través de cambiar las imágenes mentales.

Cómo sería un proceso creativo: Este es un ejemplo simple, tu deseo es comprar una hamburguesa, primero se vino la imagen mental de la hamburguesa objeto de deseo, luego pusiste en marcha el cómo y dónde ibas a comprar la hamburguesa, y luego tomaste la acción para comprar la hamburguesa, hasta que recibiste en tu casa el objeto del deseo, la hamburguesa. El proceso creativo es el mismo, sólo que lo reemplazamos por una suma de dinero o cualquier cosa que tú desees. Ahora bien vas a Imaginar que recibes una suma de dinero, esto lo visualizas tantas veces como sea necesario, cada vez con más detalles, lograrás una imagen nítida recibiendo esa suma de dinero, luego cuando hayas practicado esto lo suficiente y logres sentir "la emoción" recibiendo el dinero, la naturaleza de la fuente es transmitir el cómo vas a lograr esa suma de dinero, (es el equivalente en donde compras tu hamburguesa), luego vas a ejecutar la orden y vas a hacer lo que la fuente divina te transmitió para recibir tu dinero, (estás haciendo el pedido de la hamburguesa), una vez hayas realizado la acción vas a recibir tu suma de dinero, (aquí recibes tu hamburguesa). Deseas, imaginas, sientes en la visualización, recibes la orden de la acción externa a realizar, ejecutas la acción externa y por último es tuyo.

La manifestación, es un proceso natural del espíritu divino, que se realiza a través de tu voluntad y poder creador mental, esa es su ley, ella es invariable e inmutable. Lo único que bloquea tu creación, es la información que está almacenada en tu mente subconsciente, pero como todo en este universo es perfecto, esto puede ser contrarrestado para que no exista ningún bloqueo a la manifestación a través de la oración. La oración desintegra literalmente cualquier resistencia y recompone el orden universal de que todo lo que deseamos se nos sea dado; Cristo dijo: "pide y se te dará". Si lees bien, él no condicionó tu deseo, no dijo pide un poco, o pide hasta cierto nivel, su frase es determinante, "pide y se te dará". Aquí la clave de la frase es; "cómo pedir". De esto hablaremos en el capítulo de la oración.

La visualización y la oración juntas, constituyen un todo armonioso, cuando estés trabajando con ambos, sentirás que te descargas de tus bloqueos y al mismo tiempo te empoderas de tus deseos, cada uno tiene un poder espiritual tan potente capaz de transmutar tu mente negativa a una mente iluminada.

La imaginación, es el trabajo del espíritu enfocando la energía creadora hacia una manifestación de vida mejor que la que tienes hoy, totalmente permitida por el bien divino de todos. La materia prima de tus deseos está en el centro de la creación divina que es tu mente, por ello, para crear riqueza, no necesitas tener nada material, quizás estés como yo, 3 dólares en todo es suficiente para manifestar 25.000 dólares sin ninguna materia prima más que la mente.

La sustancia universal llevará tu pensamiento a su forma física, que es el mismo poder creador de todo cuanto existe en este universo, dándole la energía suficiente para su manifestación, por medio de la visualización moldeas la energía y transfieres al ordenador la imagen mental de tu deseo. Tu tarea, es explotar tu máximo potencial con el poder creador que tenemos en nuestra esencia, nuestro propósito es expresarnos sin límites hasta la realización del Ser dejando que el verdadero yo se manifieste. Así habrás trascendido el velo de creer que somos o que vivimos en tanto las circunstancias de la vida nos determinan. La verdad es todo el contrario, tenemos el poder de transformar la materia a nuestro deseo, nosotros somos la sustancia de las circunstancias a través del proceso de pensamiento. A través de nosotros la sustancia universal toma forma y su único medio de manifestación es nuestra mente. Nada existe fuera de la mente y el flujo de conciencia, entonces si estamos hechos de la misma sustancia nada existe fuera de nuestra propia mente.

No podemos ver la sustancia creadora, pero sabemos científicamente que existe, los estudios han demostrado que una partícula sólo se mueve si hay un observador, la partícula por su propia energía no tiene dominio de sí, hace falta el observador para que ella tome forma. Todo el universo está compuesto de partículas subatómicas, determinadas por una mente que las modifica. Entonces es aquí donde podemos tomar la frase del apóstol Pablo "los mundos fueron formados por la palabra de Dios"; hace falta de una mente para crear mundos, las cosas que vemos no son sólo cosas que aparecieron; detrás de cada materia existe una mente que la creó. Así es La ley natural universal, tú eres un proyector individual del gran proyector universal.

CAPÍTULO 5

LA SIMBOLOGÍA Y EL HEXAEDRO DE LA CREACIÓN

Cuál es el significado de los 7 poderes

Encontré que existen seis principios en la manifestación de nuestros deseos, estos son conceptos armónicos unidos a la séptima clave, que es la conciencia de unidad, en palabras simples, es creer que ya poseemos nuestro deseo. Se trata de sentir, la emoción es el engranaje que mueve la rueda de los milagros llevándonos a una vida ilimitada.

El número siete tiene muchas connotaciones espirituales como son:

Reflexión, perfeccionismo y espiritualidad

El siete nos habla de un umbral iniciático a una realidad superior, la búsqueda de sí mismo y la capacidad de avanzar con fe para alcanzar sus anhelos.

Representa la búsqueda de perfeccionamiento espiritual, representa lo sagrado enlazando lo divino y lo humano, formado por el tres la divina trinidad, y el cuatro los elementos terrestres, por consiguiente es el lazo que une el mundo espiritual y el mundo terrenal. El siete nos enseña a descubrir nuestra unidad interior, con el señor dios de nuestro Ser, encontrando el equilibrio entre el ser y la materia. Del 7 surge la búsqueda de toma de conciencia personal mediante el estudio y la disciplina interior, para conectarnos con nuestro "Yo superior". Esa conexión, significa, encontrar la verdad de nuestro ser. Llegar a ser Dios, encontrar a Dios en nuestro corazón, es permitirnos cualquier sueño realizado, es amor puro.

De acuerdo con la Teoría del Dualismo Ontológico de Platón, todos los seres humanos estamos compuestos por dos elementos: el mortal (nuestro cuerpo) y el inmortal y espiritual (nuestra alma). Si bien el siete es el resultado de la unión entre la inmortalidad del tres y lo material del cuatro, nos enseña a establecer un equilibrio en nuestro interior y descubrir realmente quiénes somos. El siete 7 entra en sintonía con las vibraciones y energías de la energía espiritual. Asimismo se relaciona con los atributos de análisis mental, filosofía, e investigación científica. El número 7 es la cantidad de perfección, seguridad, y descanso. Para los pitagóricos era el número 7 "la Septada", que se refiere a los siete colores del arcoíris, siete días en la semana, siete letras en el sistema de numeración romano y un montón de coincidencias de la vida cotidiana y este dígito. Deriva gran parte de su significado de estar directamente ligado a la creación de Dios de todas las cosas. La palabra creado, se usa

7 veces para describir el trabajo creativo de Dios que dio como resultado 7 días en una semana y el día de reposo de Dios que es el séptimo día.

Uno: Es la conciencia de la unidad, es el punto de partida, el impulso, la semilla

El Uno, nos posiciona y afirma en el mundo "Yo soy", el uno es Dios, es la energía del amor, es el permitirse el amor a uno mismo. Uno, Es la mayor vibración, puesto que no es dual, sentirse en unidad, significa que hemos llegado a casa. Somos uno, con todo lo que es. Somos conscientes que somos uno con la creación, Es la percepción de que no hay separación, que somos parte de un todo. La mente no crea separabilidad pues es todo contenido en ese estado de conciencia. Cuando un hombre piensa en aquello que percibe, necesariamente se siente separado de ello. Es decir, lo concibe como algo externo a él mismo.

Es así como 'el pensador' queda separado y fragmentado en 'yo', y concibe lo demás como 'no yo'. Cuando se activa el pensamiento, inmediatamente, surge la fragmentación. Esta fragmentación está formada precisamente por el 'pensador' en un extremo y por 'lo pensado' en el otro. El pensamiento y el pensador no son dos actividades diferentes y separadas sino sólo una. Tan pronto el pensamiento se detiene, el pensador se diluye junto con él y, por lo tanto, la sensación de fragmentación que produce.

En el momento que el pensamiento se detiene y el hombre permanece absolutamente alerta, se presenta la vivencia de unidad, el eterno presente porque es intemporal.

Verdad No 10

En realidad ya somos todo lo que deseamos, Como no hay separación, dentro de nosotros esta la semilla de toda manifestación: "Yo soy"

No existe el yo separado, es una ilusión, sí existe una identidad suprema, el Todo. Podemos percibir que no existe el tiempo porque no existe ni pasado ni futuro.

La conciencia de unidad produce la sensación de unión con lo percibido; se produce la sensación de "todo es uno". La conciencia de unidad implica la ausencia de pensamiento para poderse presentar, ya que, éste separa al pensador de lo pensado, al observador de lo observado. Cuando meditamos para entrar en el vacío, logramos una mente silenciosa, cristalina como el agua. Y en este estado de transparencia "el que percibe" y "lo percibido" se diluye, así es como surge a la superficie la mente de la conciencia superior, nos hacemos uno, no juzgamos nada, sólo somos uno, con la presencia.

Ken Wilber dice sobre la conciencia de unidad: "el presente es un momento sin límites espaciales o temporales y por eso los místicos abrazan al tiempo en su totalidad. Entonces, la conciencia de la unidad es el ahora eterno. Uno no tiene experiencias presentes, uno es las experiencias presentes. No hay delante de uno ni detrás. Y uno no tiene donde quedarse, a no ser en el presente intemporal, en la eternidad."

Cuando ese estado ha madurado, entonces ese hombre tiene una calidad diferente al hombre común y corriente. Ese hombre se sienta en un jardín y entonces, empieza con su propia conciencia a ver el mundo que le rodea. Y al verlo con profunda atención, hay un momento en el cual la conciencia no puede separarse de aquello que está percibiendo: se empieza a experimentar sumamente unido a todo.

Si esta conciencia de unidad madura y llega a un clímax profundo, ya no sólo me experimento unido al exterior, sino que me hago uno con el exterior: soy abundancia, soy amor, soy perfección, soy riqueza, yo soy.

Cuando me siento en unidad con lo que deseo no hay un fenómeno de separación entre sujeto (Yo) y el objeto (mi deseo), entonces me experimento unido y entonces empieza una sensación de que todo es una sola cosa, que ya soy el objeto de mi deseo. *Que ya lo poseo, todos estamos unidos a nuestros deseos, y culmina este estado como único: Yo soy todo eso. Mis deseos ya no están separados de mí, lo que conlleva a la manifestación del deseo ahora que lo posees.* Así es como funciona la ley de la manifestación, sientes, tu deseo poseído y él se materializa puesto que ahora son uno. La ley de atracción dice: "siente como si ya lo tuvieras".

"La conciencia es como una luz que cuando alumbra algo no te separa de ello sino que te une a ello, mientras que la mente y sus pensamientos te separan. No son los sentidos, sino los contenidos de la mente lo que te separa. Son tus propios pensamientos los que te informan: no, tú estás aquí sentado y ese árbol está ahí. Luego entonces, tú estás aquí y el árbol está separado de ti. Eso es lo que te informan tus propios pensamientos. Pero, en el estado de conciencia perfectamente despierta, eso no es real. No me puedo separar de lo que percibo, me experimento unido y me empiezo a fundir con todo, o a unir con todo".

Cómo se logra Ser uno con el deseo:

Reemplazando la creencia de separación del objeto deseado, quitando la noción del tiempo, mañana es una falsa premisa, presente es lo único cierto, solo aqui puede ser real, el ego te ha hecho creer que debes cumplir con ciertos requisitos para… pero no es así, hoy eres perfecto y completo, ya se es, lo que se desea, si reconoces tu ser yo, como una particularidad perfecta encontrarás tu verdad. Ya se es es la verdad, íntegra esto en tu disco duro. En la realidad, no estamos separados de nada que deseamos, somos todo, perfecta salud, perfecta abundancia, perfecto amor, Los 7 poderes, harán que cambies tus creencias, irán a lo profundo de tu mente para volverla cristalina y desintegrar la resistencia de la materia densa que son tus pensamientos falsos, hasta que adquieras la emoción de que ya es tuyo el objeto deseado.

Verdad No 11

Los principios espirituales de la manifestación entrelazados al estado de conciencia de que ya es tuyo todo deseo, nos otorga el poder del milagro.

En la primera parte del libro encontrarás los 7 poderes de la llave de oro y los principios de la ley para manifestar, que son verdades espirituales por medio de las cuales podrás tomar de herramienta para comprender cómo funciona el universo cuántico, conectado a tu *mente subconsciente*, responsable de todo lo que eres hoy.

En la segunda parte del libro, encontrarás las acciones específicas que podrás realizar, basado en las leyes de la manifestación, y en los principios de re-invención de las creencias o auto conceptos alojados en el motor creador de la mente. De una manera muy simple, tomando la acción necesaria y practicándose, verás los resultados extraordinarios que logra este método práctico en tu vida. Su utilización es la garantía de ver hacerse realidad tus sueños ante tus ojos. No importa qué tan grande sea el deseo o que tan difícil creas que es lograrlo, para el universo creador no existen límites, y la verdad de todo esto, es que tienes el poder total de lograrlo. No importa tu condición económica, ni social, ni la edad, ni el nivel de educación, esos son sólo condicionantes que hemos recibido de una conciencia colectiva, que nos ha enseñado, que si no tienes ciertas condiciones de educación o nivel socio económico no podrás ser exitoso, libre financieramente, o curado de cualquier enfermedad.

Verdad No 12

El poder creador de todo milagro se encuentra en tu mente subconsciente, tú eres un hacedor de milagros por derecho adquirido de nacimiento.

En este libro vas a encontrar que cualquier persona tiene la capacidad de *"hacer milagros", de* ver realizar sus sueños, de volverse consciente que es un manifestador innato.

Los principios espirituales en los que están basados los 7 poderes de la llave de oro son los aspectos que armonizan la energía cuántica, más que atraer se trata de retomar el poder en ti. Son principios eternos de las leyes del amor universal. La gratitud, la oración, la aceptación, la rendición, el perdón, el amor, son conceptos de las virtudes de la verdad eterna. Sobre ellos hemos tratado de ser seres espirituales viviendo una experiencia de vida en evolución, hasta llegar a comprender que lo que busca nuestra alma, es llevarte de regreso a la luz. Ella es la que te dirige a la tempestad o la calma, con el objetivo de experimentarse en una de las millones de dimensiones de Dios. Tu alma, busca a partir de tus experiencias de vida, que encuentres al Dios que está en ti. El alma es el vehículo de viaje de regreso al amor.

La chispa que enciende cualquier manifestación que, sin ella, no verás jamás ningún resultado, es *"la emoción"*, podrás repetir afirmaciones positivas sin cesar, podrás visualizar tus sueños, podrás declarar y decretar, pero sin el principio esencial de cualquier milagro, cualquier esfuerzo será un fracaso más. ¿Por qué?

Porque la emoción es el poder verdadero, la emoción coagula la manifestación, sin emoción no hay amor y sin amor no hay nada.

Verdad No 13

La emoción es "l'etencelle del vie", si vives tu sueño con emoción por principio este se manifestará, es ley.

ESTRELLA DE SEIS PUNTAS

Símbolo de Salomón, hijo de David. Es el equilibrio entre lo espiritual y lo material, lo que es adentro es afuera. Símbolo de conexión entre el mundo del espíritu y el mundo de la materia. Babilonios: Triada astral de los dioses, para los griegos representaba el desarrollo de las matemáticas y la geometría; por medio de la geometría en la que Pitágoras veía un simbolismo cósmico, se convirtieron en expresión del cielo y su reflejo en la tierra. De lo divino y su reflejo en la creación. Como es arriba es abajo, el microcosmos y macrocosmos. En la cábala, la cábala enseña que Dios creó el mundo con 7 bloques espirituales, Guevura, Tiferet, Jesed, Hod, Lesod, Netzaj, y Maljut. Estas serían: severidad, armonía, bondad, esplendor, cimiento, perseverancia, y realeza. De tal forma toda la creación es un reflejo de estos 7 atributos. La Estrella de David posee 7 compartimientos, 6 puntas y un centro. Este símbolo era usado como símbolo de protección y el

Tetragramaton amuleto cabalístico de protección. También encerraban los 7 nombres de los ángeles. Este símbolo también representa el yin y el yang como representación de la dualidad y los opuestos. Así también como de nexo entre mundos. El Hexagrama no ha sido vinculado a una religión en concreto sino más bien a todas ellas.

La estrella también ha sido el símbolo mágico de protección y preservación como el talismán de Saturno Venus y Júpiter. El triángulo inferior hace concordancia al mundo material, con los elementos agua y tierra, el triángulo invertido en el sello de Salomón, representa los dos elementos espirituales aire y fuego, dos elementos que representan la evolución del espíritu. El fuego significa el espíritu santo en el cristianismo, o el fuego purificador en cientos de otras culturas. Con la intersección de los dos triángulos se crea el hexágono central que es el equilibrio perfecto, el corazón del hombre como material de envase del alma, el centro simboliza la unión de todos los elementos existentes, hacia una mente iluminada. En la India, los tibetanos daban a este símbolo la representación de la fusión de las dualidades, el fuego y el agua, la tierra y el aire, el sol y la luna, lo masculino con lo femenino, es decir simboliza la creación. En la India es conocida como Surya Yantra instrumento de la luz suprema. La estrella simboliza las dos trinidades divinas. Ellas representan el ciclo del renacimiento y la reencarnación.

El hexagrama son 2 triángulos equiláteros y en su unión representan la unión entre el cielo y la tierra, entre el mundo espiritual y el mundo material. En la alquimia esotérica los dos triángulos se interpretan como el símbolo del equilibrio entre Las fuerzas cósmicas del fuego y del agua. Círculo mágico. Es el dominio de lo espiritual y lo material.

EL HEXAGRAMA DE CREACIÓN

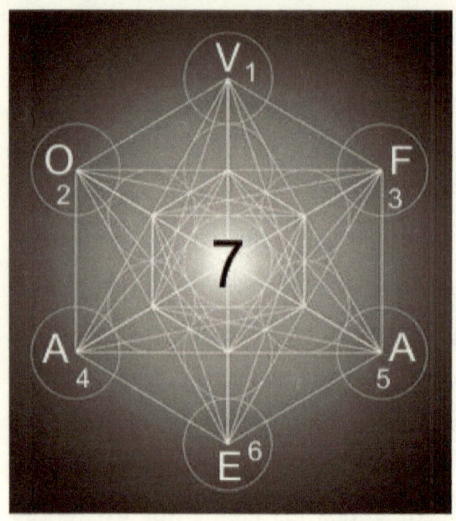

El hexagrama es una figura geométrica compuesta de 2 triángulos equiláteros. Cada punta representa uno de los 6 poderes de la llave de oro y el centro es el séptimo poder. Este hexagrama parte del hecho que los seres humanos estamos definidos por una ciencia espiritual y el universo es cuántico. ¿Qué quiere decir física cuántica? Que el movimiento de los quantums de luz, partículas subatómicas está determinada por el observador, no se puede predecir ni la velocidad ni la posición, "es el observador quien determina el comportamiento de las mismas".

- El ser humano es un ser de conciencia de "pensamiento y emoción" no somos nuestro cuerpo.
- $E=mc^2$, Todo lo que existe en el universo es Luz.
- Existen tres mundos de influencia del ser, el mundo energético ósea el mundo de la luz, el mundo espiritual y el mundo material.
- Todo se dirige al poder del Uno, a la conciencia llamada Dios.
- Cada pensamiento y emoción influyen en los 3 mundos simultáneamente.
- Cada pensamiento y emoción es luz dirigida
- De la substancia omnipresente de Dios y de la plenitud de luz, sale la manifestación de todas las cosas.
- El mundo material es una ilusión, la creación se hace, proyecta y dirige desde el Ser, "pensamiento y emoción"
- Cada poder determina una cualidad para que en su conjunto, se active el círculo de la manifestación, en los 3 planos de creación, luz, espíritu y materia.
- Somos una sola mente con la conciencia llamada Dios
- Del ser interior se crea la materia
- Manifestar un sueño, hacer un milagro, es una ciencia jamás un azar.

El hexaedro tiene 6 puntas que actúan cada una alterando los 3 planos de la existencia de manera simultánea; cada punta, tiene una función específica la cual influye en el círculo de la creación. Como el ser se define como un ser de pensamiento y emoción cada una de las puntas va a dirigir su poder a modificar estos dos aspectos, para activar la ley de la manifestación desde el yo profundo hasta la luz. Es imprescindible para obtener lo que se desea, hacer un trabajo interior, puesto que sólo del Ser podemos tener. Esta es una acción interior con un mismo fin, si deseas riqueza, tu acción aquí no es salir al exterior a buscarla si no la creas desde el único lugar que tiene existencia la creación. Los 7 poderes de la llave de oro son los siguientes:

PRIMER PODER: La visualización

Ahora sí, empezamos a crear por medio de la visualización. Visualizar tiene el efecto fotoeléctrico. Es como una impresión digital en el universo cuántico, en el mundo de la luz. (Recuerda que tu cuerpo, tus pensamientos, tus imágenes mentales son luz). Imaginar lo que deseamos, es tomar del flujo de conciencia lo que ya existe en el mundo de la luz, pero que no se ha materializado ya que le faltan más ondas y partículas para que se vuelva materia. Tu deseo ya existe, por eso eres capaz de verlo con tú mente. Tú lo ves porque te corresponde según la esencia del ser llamado Dios que está en ti. Para volverlo materia es necesario un enfoque permanente, sobre la misma imagen mental, no debes cambiar de imagen, ya que eso le quita carga energética. Al hacer esto, alimentas tu imagen de más ondas y más partículas hasta que se vuelve materia. Imaginar sin límites te pone en una frecuencia aún más cerca del verdadero amor que existe por ti y para ti, entonces imagina siempre lo mejor y lo más alto. Esa frecuencia es la de la ley de creación. Ella se comunica a través de las frecuencias del amor y la alegría. Este poder define, crea y dirige tu imagen mental.

SEGUNDO PODER: La Oración

La oración se considera el poder supremo, ella tiene la función de cambiar el destino, de dirigir la vida hacia donde nos brinde la mayor plenitud. Hacia el amor del yo, A vivir en la emoción de la gratitud, del amor, de la satisfacción. Se ora con el fin de expiar los errores creados por el "ego" puesto que tú ya eres un ser perfecto engañado por la mente falsa del ego. El segundo poder libera los "pensamientos" lo entrega al campo cuántico, a la luz, para que ella los disuelve en luz y te devuelva un nuevo pensamiento desde la luz. Ser la Mejor versión de sí mismo no es reprogramar la mente si no liberarla de la falsedad. Ya eres esencia de una perfección llamada Dios. Ella se encuentra en el subsuelo del ego, el trabajo es limpiar la mente errónea del ego para que surja del fondo la mente iluminada. La oración hace este trabajo por ti, tu acción es reconocer el error y liberarlo a la luz. Haciendo esto tu campo electromagnético también será liberado y la fuerza de atracción ahora se realiza desde la conciencia iluminada y no desde la mente errónea. Lo que se traduce en que atraerás personas, cosas, acontecimientos alineados a luz de tu verdadero ser.

Con los 2 primeros poderes del hexaedro has hecho el reset de tus emociones y pensamientos. Ya que para crear primero se debe limpiar, liberar y devolver la luz al pensamiento. Ahora te encuentras en un pensamiento iluminado libre de emociones negativas. También los has hecho en los 3 mundos de influencia del ser en la creación, sobre la luz, sobre el espíritu y sobre la materia. Aquí eres un hombre nuevo, libre y calificado para crear. En esta posición la ley de atracción o manifestación son tuyas, disponibles para crear a tu más alto pensamiento. Has eliminado la negación de ti mismo a la luz del amor por ti.

TERCER PODER: El fuego sagrado

Dentro de cada uno de nosotros se encuentra la llama sagrada de la vida. El fuego tiene el principio químico de transformar un elemento de un estado a otro, este es un elemento imprescindible para que exista la vida. En los 7 poderes tiene la función de transmutar tus "emociones". Por el simple pedido de hacerlo lo hará por ti, cada emoción que no sea el reflejo de la plenitud debe ser consumido por el poder del fuego sagrado. El punto central para que haya lugar una manifestación es la emoción, La ley reacciona a una verdad, esa verdad es el amor, es la alegría, es la certeza de saber que se tiene lo que se desea. Pero sólo sabemos que es una verdad cuando "Sentimos" ese pensamiento, De ella depende toda manifestación. Si, por lo tanto, tus emociones son negativas ellas deben ser liberadas ya que es el mayor impedimento para lograr cualquier deseo, se debe pasar por medio de la "emoción de certeza", sin que otra emoción la niegue. Pero el primer poder se utiliza para eliminar las sensaciones de ansiedad, miedo, duda, desmerecimiento, negación del amor, negación de la abundancia, negación de salud perfecta, más no crea la emoción de certeza. Su poder es el de transmutar una emoción ausente de amor para liberarte de su carga energética al nivel de la luz, espiritual y emocional.

Existe un principio importante, y es que para trabajar en la creación de todo deseo, es necesario hacerlo en los mundos que son influenciados para lograr el fin que queremos. Por eso la gente trabaja toda su vida sin lograr la libertad financiera, o se relacionan con parejas que no corresponden a la verdad de su ser, porque el trabajo real viene de la fuente y no del exterior que es la materia. Buscamos modificar la materia desde la materia, la materia se modifica desde su origen para que el resultado esté alineado a tu verdad y arroje el resultado a su máxima expresión que es el amor por nosotros mismos. El fuego sagrado representa al espíritu santo con su acción de purificar. El símbolo alquímico del fuego es el triángulo equilátero apuntando hacia arriba como en el hexaedro de la creación. "Atravesar el fuego es símbolo de trascender la condición humana" Eliade.

CUARTO PODER: La gratitud

Ahora vas a atraer tu deseo hacia ti por medio de la gratitud, como tu objetivo es sentir la emoción de certeza que tu deseo ya es tuyo, la gratitud hace ese trabajo. Cada vez que agradeces, ya sea tu deseo o cualquier otra cosa, estás creando en ti la sensación que las cosas ya son tuyas, además tu mente comienza a sentirse en estado de gracia ya que estás agradeciendo. Eso atrae hacia ti lo que agradeces y también situaciones, personas y cosas por las que agradecer, el principio de la creación inicia del lugar de donde tu estado mental y emocional se encuentre. Entonces, agradecer significa tener, poseer algo que ya hemos recibido. La gratitud es una frecuencia de atracción, magnetizas aquello que agradeces.

QUINTO PODER: Las afirmaciones

Las afirmaciones tienen la función de "restaurar" la verdad en tus procesos de pensamiento. Somos la conciencia llamada Dios escondida detrás de los pensamientos del ego. Justo detrás del ego se encuentra Dios, o sea justo detrás de la desgracia se encuentra la gracia. Todo lo que eres, es un pensamiento, salido de una mente o de la otra. Tu mente tiene las dos caras de la moneda, y creas según la cara que escojas. Tus creaciones, todo lo que tienes y eres provienen de un pensamiento. Ahora las afirmaciones restablecen un proceso de pensamiento sobre las verdades del amor. Puesto que la mente del ego te mueve desde el miedo y la mente de Dios te mueve desde el amor. Al igual que sólo somos pensamiento y emoción, también somos mente del ego o mente de Dios, y todo lo que hacemos se hace desde el miedo o el amor. Entonces el quinto poder crea una nueva red neural y tu proceso de pensamiento está alineado a la verdad de tu yo superior.

SEXTO PODER: Aceptar, rendirse, soltar

Cuando has llegado al sexto poder, quiere decir que ya sentiste la emoción de la certeza, ya sabes a través de tu emoción que tu deseo está hecho, listo coagulado. Esa emoción es total, inconfundible, recibes un mensaje claro si debes tomar una acción para recibir tu deseo o simplemente se manifiesta. Ahora sólo resta en permanecer en la creencia que está hecho y rendirse, aceptar el hecho de que ya lo has creado y soltar por completo. ¡Te entregas a la felicidad de saber que lo has logrado, sólo sientes felicidad porque en efecto así es, ¡está hecho! Acepta tu gracia. Lo único que te resta es vivir en alegría, y ser feliz.

SÉPTIMO PODER: Yo Soy – Dios

Al centro del hexaedro convergen todas las fuerzas que utilizaste para crear, lo que has hecho es mover luz hacia la luz con una calificación desde el amor. En el centro está la conciencia de Dios, la cual afirmas con reconocer en ti su existencia. Yo soy, significa que eres Dios, completo, perfecto, carente de nada. Te calificas desde el poder del TODO. Ahora que llegaste al séptimo poder, la luz creada trabajando los otros poderes se van a liberar, tu campo electromagnético ya fue modificado, ahora tus pensamientos y emociones irán al flujo de conciencia con la vibración correcta, esa vibración que adquiriste se expande por el universo cuántico el cual rebota la misma frecuencia con la que se creó. Su función es la de recibir y procesar, el universo no crea nada por él mismo, él necesita de una conciencia que lo haga, porque el flujo de conciencia existe gracias a que tú existes. Tú creaste el mundo y todas sus formas de expresión. El centro del hexaedro eres tú mismo, puesto que la conciencia llamada Dios eres tú, manifestando sus deseos al universo.

Aquí termina el círculo de creación en el sentido práctico, ya que precisamente como es circular permanece en incesante manifestación.

CAPÍTULO 6

¿POR QUÉ NO SE MANIFIESTA?

¿Por qué la ley de atracción no siempre funciona?

En la mente existe una parte responsable de toda manifestación de la experiencia de tu vida, ella no la puedes reconocer porque es la información escondida detrás de los pensamientos conscientes que no eres capaz de reconocer. Esta parte es la mente subconsciente y representa el 95% de tu mente. Puesto que la información del comando de tus manifestaciones se encuentra en modo latente pero no descifrable, es muy difícil llegar a ser consciente de su contenido. Esto se logra analizando los patrones de conducta que tienes respecto a cosas determinadas, como son el dinero, el éxito, lograr libertad financiera, tus relaciones con los demás etc.

Entonces, cuando utilizamos la ley de atracción para manifestar dinero por ejemplo, detrás de toda manifestación del deseo se encuentra el centro de comando ubicado en tu mente subconsciente. Pero eso no es todo, además de que la información allí almacenada está oculta para ti, el universo tiene una manera de comunicarse con nuestro centro de comando a través de vibraciones del pensamiento y las emociones.

El científico Max Planck creador de la teoría cuántica, Premio nobel de física en 1918, y Albert Einstein, Premio nobel de física por el efecto fotoeléctrico en 1921, descubrieron que el universo y todo cuanto existe en él incluido tu cuerpo físico y toda la materia está compuesto por quantum de luz (fotones), ellos vibran y son afectados por ondas imposibles de ver con nuestros ojos. Como las ondas de radio, las señales microondas, etc. Gracias a eso, hoy se fabrica, láseres, transistores, microscópicos, resonancias magnéticas etc. Sabemos que las ondas electromagnéticas existen pero no las podemos ver.

Otro aspecto, por el cual no manifestamos, viene del significado que le hemos dado al deseo, porque desear es querer tener...en el futuro planteas tu deseo. Desear es querer algo que no somos ni tenemos. En nuestra mente un deseo, es una aspiración de una carencia. El algo que se encuentra lejos de nosotros, ese algo que no poseemos, la conciencia lo toma como que se encuentra en un futuro incierto. Este es un concepto que ya está arraigado en la conciencia colectiva y por ende en la conciencia individual.

La conciencia colectiva tiene poder sobre nuestras creencias, porque nos hemos llegado a convencer que como todo el mundo lo cree así, es así como es. Como nuestra mente lo cree y la conciencia colectiva también, nuestra creencia es: ¡deseo algo que no poseo! Este concepto nos ubica en un estado de conciencia erróneo, de la verdad escondida detrás del concepto colectivo.

Porque el tiempo es una ilusión, sólo tiene vida el momento presente, en el pasado ya no estás, y en el futuro simplemente no existes. Sólo puedes ser en el ahora. ¿Reconoce cómo te sientes, frente a tu deseo? Qué crees tú, es la esencia de la manifestación. El sentimiento de seguridad y de saber que está ahí, es el deseo en el ahora. A medida que deseas, creas en el presente si no dudas.

Ahora, si inviertes el proceso del deseo y lo comprendes de esta manera: tu deseo ya existe en la energía cuántica creada antes de que tú te percataras de él, ahora vas a tomar conciencia, que esa creación se originó desde tu ser superior, lo envió a la fuente, para que permaneciera ahí en estado de potencialidad. Pero tú no eras consciente de ello, hasta ahora que tu mente consciente lo trajo de la fuente. Tú mismo creaste ese deseo, desde un estado inconsciente, por ende, ya es tuyo, si fuiste tú el creador. Cada persona tiene deseos diferentes, un pintor desea crear una Monalisa, un arquitecto su mejor obra, un jardinero el más bello jardín. En la fuente cada deseo ya existe creado por la conciencia que la originó. Tú. Ya que tú si eres un jardinero, jamás vas a desear crear una Monalisa.

Tu deseo ya existe en un estado de energía libre esperando ser atraído a tu realidad. Entonces, nada de lo que deseas es externo a ti, ya está en tí. Tú y el deseo son uno, tú mismo eres su creador. La separación no existe, es una mera creencia del ego, que te separa de tu ser divino, aquel que ya lo posee todo. El deseo, es como dice Neville Goddard, una notificación de que ya posees ese algo, que de hecho siempre ha estado allí, hasta que Dios no lo notificó mediante el deseo. "Desear es una notificación de que poseemos algo que no sabíamos que teníamos y que siempre ha estado ahí"

Entonces, tu deseo ya existe en energía cuántica, que tus ojos físicos no pueden ver, pero a través de la imaginación sí lo puedes ver, está en tu mente, visualizando, es como le das sustancia para materializarlo. Pongamos el ejemplo de cómo se recarga un teléfono, tu mente es el cargador, y el universo es el teléfono, como quieres llegar al 100% de carga debes darle la energía suficiente para llegar a 100%. Si te desconectas antes, tu teléfono no tendrá la carga. Pero si tu mente se conecta el tiempo suficiente este llegará a la carga, o sea a la materialización, lo único que necesita para llegar a 100% es energía. Con energía tu teléfono prende sin energía está muerto; Si quieres disfrutar del teléfono pues dale energía.

Ahora te preguntarás ¿qué tiene que ver eso con poner dinero en el banco?

Como el universo que nos contiene en toda su magnitud, material e inmaterial, nuestro cuerpo físico, cuerpo emocional, cuerpo mental y los cuerpos etéreos están fusionados en el universo vibratorio, hacemos parte integral de él. La ley de la manifestación funciona con el mismo lenguaje del que está compuesto todo cuanto ves, vibraciones de onda y partícula, susceptibles de cambiar a cada momento, estos filamentos de luz, son la matriz divina donde se crea cada sueño, cada desgracia, cada milagro en tu vida.

Tu cerebro es una máquina eléctrica, que emite vibraciones de onda, directamente a la matriz que lo contiene, recibe cada pensamiento y emoción que tú transmites a la red, tus pensamientos en la gran mayoría son imágenes, ellas tienen un efecto fotoeléctrico entonces, si determinas un patrón mental que tienes respecto al dinero y observas que tus pensamientos son:

Para mi es difícil lograr algo bueno

Tener dinero en abundancia no es para mí

Llega el final de mes y ya no tengo nada

Con ese patrón, como son pensamientos que se repiten en tu mente día a día, la ley es perfecta, y ella simplemente sigue manifestando tu patrón, porque tu energía, tu vibración, tu enfoque está ubicado en ese patrón. Ahí donde pones tu enfoque mental y emocional es lo que se manifiesta. Cada pensamiento y emoción es un quantum de luz, es vibración de onda y partícula a la vez, (partícula es una porción de dimensiones muy reducidas de la materia a la que se le pueden atribuir propiedades de volumen, densidad o masa) y el universo está hecho de esa misma energía y vibración. Es con la repetición constante y la emoción de ese pensamiento que manifiestas algo.

Ahí está el origen de los milagros, un milagro no es más que una corrección mental de la mente falsa, en darle luz de comprensión sobre las verdades de la vida.

Y ahora te preguntas ¿cuáles son las verdades de la vida?

Una verdad, es el gozo que Sientes de comprender que todo es posible, que no hay nada que te debas negar. En el gozo se encuentra a Dios, y dónde está la alegria es una verdad. Y Dios está en la felicidad y el éxtasis de existir. ¿Entonces, en la manifestación de tus sueños está Dios, y si Dios está por ti, quien está contra ti?

¡Tú mismo!

Un día leí una frase que me pareció el punto fundamental de la ley de manifestación, decía: ¿cómo hago para que el dinero que tengo en la mente llegue al banco?

Yo encontré que la ley de atracción no funcionaba, porque ella es un solo componente del hexaedro de creación. La ley de atracción dice que visualices lo que desees, y sientas que es tuyo, pero precisamente la dificultad se encuentra en llegar a sentir que algo es tuyo si siempre te has creído carente de ello. Cómo puedes creerte millonario si toda la vida has luchado para ganar un poco de dinero, si naciste en un entorno carente de dinero, y has escuchado toda tu vida que es difícil se debe luchar por sentir que algo es tuyo.

El hexaedro de creación funciona sólo en conjunto, trabajando en cada punta, se dirige al poder del uno a la conciencia llamada Dios. Un deseo se manifiesta siempre y cuando estén todos los poderes en armonía, dirigidos en la dirección de la fuente de toda manifestación en el universo. Cada punta del hexaedro, tiene una función específica, cada una es independiente pero interdependiente, del otro punto, porque la energía del quantum es ordenada sobre la idea de la perfección, pero para que exista perfección, se debe poner en orden nuestro universo mental y espiritual, se debe hacer una depuración de las emociones que contradicen la obtención del deseo, se debe atraer el bien hacia sí, se debe crear una nueva red neuronal con verdades universales, y por último se debe crear lo deseado a imagen del amor más alto por uno mismo.

No podemos creer que es una casualidad, que la rueda de la manifestación se active desde los 6 puntos, cada triángulo dirige su energía de manera diferente. Ya que el simbolismo de la pirámide o la estrella de David, tienen un poder espiritual documentado en la historia de la humanidad. Así mismo la trinidad es orden divino. El triángulo, del ojo que todo lo ve, tiene dibujado un ojo en el centro

La pirámide es el símbolo espiritual más antiguo de la humanidad, se dice que su forma dirige la energía electromagnética que rodea la tierra. Todas las pirámides construidas en el mundo, las de Egipto, América

Central, China, India, Indonesia, se cree que el campo de energía en la forma triangular, puede actuar como un vórtice facilitando la comunicación con otras dimensiones espirituales.

El triángulo es clave en la geometría; está en la base de la sección áurea, llamada también proporción divina, el simbolismo del triángulo corresponde al del número 3. Que es universalmente fundamental en casi todas las religiones, las culturas antiguas decían, que expresa el orden espiritual de Dios, con el cosmos y el hombre. Sintetizando la trinidad del ser como producto de la unidad del hombre con el cielo y la tierra. En algunas representaciones Dios se simboliza con un triángulo y un ojo en el centro, el ojo que todo lo ve. Significando así, la unión de lo material con lo espiritual arrojando un tercer aspecto que nace de la unión de los anteriores unido al poder absoluto en su centro, Dios. Esto hace que se exprese como un ser espiritual dentro de un marco material. Para los cristianos Dios es uno en 3 personas, padre hijo y espíritu santo, la santísima trinidad. Para los budistas, es la triple joya, Buda, Dharma y Sangha. En el Egipto ancestral, Isis, Osiris, y Horus. En el hinduismo, la trinidad se expresa como Brahma, Vishnu y Shiva. Para los alquimistas, existen 3 elementos químicos necesarios, el azufre, el mercurio y la sal. En la alquimia. El triángulo con la punta hacia arriba, es símbolo del fuego y el corazón. Dicha alegoría nos cuenta, sobre la transformación de la materia simple en materia pura, a través del corazón símbolo de la manifestación física del alma. y del fuego símbolo de la sabiduría. El triángulo simboliza el equilibrio entre la materia y el espíritu, para llegar a la perfección.

La trilogía está presente para representar los 3 aspectos de la perfección universal, Destacado también por científicos, naturalistas y pensadores de todos los tiempos de la historia, este número compone infinidad de vínculos entre elementos interdependientes de todos los ámbitos:

En la metafísica (con el mundo elemental, el celeste y el intelectual);
En el tiempo (pasado, presente y futuro);
En las tres potencias de la inteligencia humana (memoria, entendimiento y voluntad);
En los colores primarios (azul, amarillo y rojo);

En los estados de la materia (sólido, líquido y gaseoso)
Y, por si fuera poco, en el ámbito de la música (cuyas tres claves son la de Sol, Do y Fa)

En el hinduismo, el camino de la liberación propone 3 caminos:
1. El camino de los actos: seguir fielmente el dharma y cumplir con los deberes de la propia casta.
2. El camino de la devoción: adorar a un dios con fervor y celebrar piadosamente sus fiestas y ritos.
3. El camino del conocimiento: descubrir mediante la meditación la verdadera naturaleza del alma y buscar en ella el brahmán, el Espíritu, el Todo Universal, para unirse a él. Suele ser una opción de renuncia a los bienes materiales y los placeres, la vía de los ascetas o shadhus.
Se necesitan 3 puntos de apoyo para sostenerse en equilibrio: el trípode.
Son necesarios y suficientes 3 puntos no alineados para determinar un

plano y una circunferencia.

En la cultura medieval cristiana es un número perfecto. Simboliza el movimiento continuo y la perfección de lo acabado, así como símbolo de la Trinidad particularmente cuando uno de los vértices indica hacia arriba como dirección espiritual, por tanto considerado por creyentes como un número celeste.

En la astrología: sol, júpiter, Saturno y Plutón.

Entonces, para activar el círculo de la creación lo vamos a hacer desde los 6 puntos de los dos triángulos. Con el fin de equilibrar el plano mental, el plano espiritual y el plano material. Esto nos da el poder de la unidad dirigida al centro de la creación.

PARTE 2: LOS 7 PODERES

CAPÍTULO 7

PRIMER PODER: EL FUEGO SAGRADO

Función: Filtro para purificar las emociones

La función del fuego sagrado, las propiedades del fuego son conocidas porque son el elemento alquímico. Su poder es equivalente al poder que sostiene la vida. Es la representación espiritual de la llama sagrada del espíritu santo. Puedes creer que el espíritu santo es una entidad separada en cada uno de nosotros, que hay un espíritu santo por cada persona en el mundo, en realidad el espíritu santo o llama sagrada es una sola entidad unificada, mi espíritu santo es el mismo espíritu santo que hay en tí. El es el medio que utiliza Dios para expresarse en el corazón de los seres humanos porque Dios es solo Uno, sólo puede existir un solo espíritu santo. A través del espíritu santo recibimos los mensajes de Dios de una manera inteligible, ya que Dios, es omnipresente, omnipotente, y omnisciente, sería impronunciable una definición que lo contenga. La llama sagrada tiene varias funciones, pero la que nos concierne se aplica a la alquimia de las emociones. El alma ha guardado la memoria de todas las emociones que has experimentado a lo largo de todos los millones de años de tu existencia. Entonces el fuego sagrado es capaz de transmutar esa energía para liberarla a la luz. En el proceso de creación o manifestación como quieras llamarlo, es necesario usar la llama sagrada ya que las emociones son las sensaciones del cuerpo que niegan por la razón que sea, el merecimiento de todo lo que comprende el ser ilimitado.

Lo primero que debes comprender es que tú eres un ser de conciencia compuesto de pensamiento y emoción. Estos atributos te definen como un ser que emite energía vibratoria, desde el pensamiento y la emoción que es todo lo que eres, creas tu mundo.

Dios es la llama eterna que vive en nosotros, es la luz que permanece encendida por eones de tiempo y nunca se apaga, a través de la llama purificas toda la existencia pasada y todas las emociones grabadas en el alma. Como la llama es el fuego alquímico de la transmutación por su intermediario a través de tu voluntad elevas las emociones hasta la liberación de la carga eléctrica de tu campo áurico. Su poder es la glorificación de la vida liberando todas las emociones, el fuego de Dios absorbe la energía contenida en la emoción, la quema y luego la transmuta; así te vuelves un ser libre. La culpa, la falta de perdón, el miedo, el resentimiento, los celos, la envidia, la impotencia, son todos purificados para devolverte la luz del entendimiento que eres perfecto. Que todo es para ti, nada puede negarte el cielo en la tierra. Utiliza el fuego sagrado, cuando sientas una emoción negativa, simplemente le pides que absorba su energía para que ella la libere. Pronunciarlo es hacer prueba de glorificación, haces que la paz venga a tí, la energía de la resistencia que ha estado estancada en tu cuerpo ahora es energía sagrada.

Te vuelves ligero, devienes un ser libre de los aspectos falsos de la mente. Regresas al seno del padre, donde reina el amor por ti. Comienzas a sentir que cada cosa que deseas ya lo eres en verdad, tú eres todas las cosas de este mundo. El ego, tampoco tiene poder ante el fuego sagrado de la vida, ya que el ego utiliza tu cuerpo para engañarte creando sensaciones de miedo, desmerecimiento, postergación: la llama del espíritu las convierte en energía libre purificada. Cada vez que utilizas su poder, esas sensaciones salen de tu cuerpo y la pesadez del espíritu se hace libre. Y te vas acercando cada día más a una mente ilimitada, porque la acción del ego se debilita con cada ejercicio. Todo lo que le entregues al fuego sagrado será transmutado en energía divina. Sólo pronúncialo para que lo haga por ti. Esas son las cualidades del espíritu santo que vive en ti, para la transformación del pensamiento y emoción, ella no lo puede negar puesto que es Dios representando la perfección dentro de ti. No necesitas de ningún vehículo externo para ser Dios creador de todo cuanto puedas imaginar. Tener viene del ser, y para ello hace falta purificar tus pensamientos y emociones a través del fuego sagrado.

La llama es el principio de la vida, Y cuando decides entregar la carga de tus emociones empieza una nueva vida para ti. Comprendes que no es necesario cargar con aspectos de un yo falso, sino ir cada vez más ligero en tu viaje por la experiencia. Todo lo que entregas te será devuelto en experiencias cada vez más amorosas y armoniosas. Los lugares y personas ahora son semejantes a tu vibración. Entendemos la levedad del ser como el camino de la liberación. Tu manifestación es ahora, Ahora es el momento de tus milagros, ahora es el momento de tus manifestaciones, ahora es el momento del amor, el amor es eterno y continuo.

Pronuncia estas palabras para que su acción purificadora recoja la energía de tus emociones y las transmute a la luz. Imagínate que el fuego invade todo tu ser, físico y energético y te vuelves uno con el fuego sagrado, puedes sentirlo en forma de calor, vibración, o visión, deja que invada tus sentimientos. Respira desde tu pecho en el chakra del corazón, y las sensaciones incómodas desaparecerán. Ponte en contacto con su luz, y su poder.

"Arde fuego eterno de Dios en mi y purifica todas mis emociones para que sólo pueda vivir en tu nombre, arde fuego eterno de la vida, para llegar a los confines del amor, arde fuego eterno y transmuta mi ser en la gloria de Dios. Arde fuego eterno en mí ahora para vivir en tu reino. Arde hasta la gloria de mi ser a tu imagen Dios padre eterno, arde en mi en el aquí y el ahora por tu gloriosa virtud que yo pueda representar en esta tierra y en esta vida ahora. Reconozco mi gloria en tí porque sólo soy perfecto. Arde fuego eterno a la vida de tu reino aquí en ahora de tu paraíso. Me inclino ante ti conciencia de amor puro. Arde fuego eterno para abrir las puertas de tu reino en mi vida expresada en la acción

externa y pueda expandir tu reino en esta tierra y para ti y en el nombre de la luz"

Cada mañana o en cualquier momento que sientas una emoción o sensación negativa entrégalo al fuego sagrado. Te prometo que serás un hombre nuevo. La llama toma tu lugar en tu cuerpo, si sientes el calor, vibración o visión éste se extenderá por todo tu cuerpo, ningún pensamiento puede perturbar esta purificación, a medida que se propaga en tu cuerpo físico también se propaga por los 5 cuerpos energéticos que existen alrededor de tu cuerpo físico, estos 5 cuerpos son los que participan en el funcionamiento de la materia de lo que eres. Comprende que las vibraciones que se propagan del fuego sagrado naturalmente instala en ti una sensación de descanso, libertad y liberación. Se trata de que el resplandor de la llama ocupe todo tu ser, todo el espacio de tu cuerpo físico y cuerpo sutil. La luz toma su lugar, ya que la oscuridad es sólo ausencia de luz, crearás en tí la luz resplandeciente del amor. La luz comete su trabajo de hacer vibrar tus cuerpos en la vibración del amor. Esto no se trata de protección sino de llenar tu espacio de luz, de unificarte con el campo cuántico del universo a la misma frecuencia. Déjate llevar, deja que la luz vibre en ti, ten confianza que el fuego sagrado está realizando su trabajo de liberación, igual lo sentirás cada vez que lo hagas. Lo sentirás a lo largo del día, y a la mañana siguiente sentirás su efecto en su magnitud. Tu campo áurico ha sido descargado de la energía de la emoción negativa. Puedes renovar este proceso cada vez que lo desees, pídele que absorba el miedo, ya que el miedo es el opuesto al amor. Debes estar libre de miedo para que la expresión de tu ser en la tierra sea sólo de amor, lo que se traduce en expansión del yo verdadero. El fuego sagrado es el amor infinito en ti, tú eres uno con él, él es la sustancia de la vida eterna.

Para sentir la presencia del fuego sagrado, elévate a través de tu corazón sintiendo el amor divino que vibra en lo profundo de tu ser, para contactar con la luz eterna de tu esencia. Estas frecuencias se manifiestan como luz y sonido armónicos. Desde lo más profundo de tu corazón se expande la luz a nivel celular, con el propósito de generar un estado de conciencia elevado a la luz. El elemento fuego representa al espíritu santo en tí, generando una transformación profunda del ser, envolviendote en un manto de luz dorada que porta la frecuencia del amor y la liberación de la memoria kármica en el alma. Con el propósito de que si tú lo decides puedes alinearte con tu propósito mayor ya que ha sido eliminado el mayor obstáculo para tu expansión que es el miedo. Este es un proceso de liberación que inicias hasta que sientas que ya nada te detiene, la ligereza es tu nuevo estado del ser, desempañas la visión de una mente falsa conectada al sentimiento del amor por ti. El fuego sagrado actúa liberando la verdad, y la sensación de plenitud comienza a instalarse con el propósito de revelar que tú sólo eres amor. Los recuerdos celulares destructivos desaparecen, el fuego transmuta los aspectos negativos que no se encuentran en resonancia amorosa de tu esencia. Como tú eres un ser perfecto debía existir en tí el elemento que produjera la alquimia entre lo falso y lo verdadero. Todo lo que eres es una conciencia de pensamiento y emoción, cubierto de una masa celular que es tu cuerpo, y a través de la acción del fuego en ti, ya estás elevando la mitad de tu ser a la luz. El poder del fuego es dar luz, de conciencia, de entendimiento, de elevación, el fuego te guía a través de la iluminación de tu propia oscuridad realizando la alquimia de la purificación. Su fuerza es la energía que mantiene la vida eterna, es el elemento decodificador de las emociones, es renovación. El fuego tiene la función de revelar un elemento en estado bruto, como por ejemplo las esencias florales, los alimentos, los comestibles orgánicos, peces, huevos, etc, a su esencia final. Es lo mismo que hace contigo, te pasa de un estado bruto a un estado de esencia. El fuego se activa por lo tanto para transformarte en algo genuino, para que veas con claridad el amor en ti.

Utiliza La llama para la sanación de tus emociones, resistencia, miedo, odio, falta de perdón, duda, negación, ya que ella contiene el patrón de tu futura grandeza, así surge el renacimiento del genio que hay en tí. Ya que estás regido por el libre albedrío debes pedir su acción de lo contrario no se hará. El fuego sagrado es la emanación del cuerpo de Dios, así puedes consumir tus errores por medio de la llama consumidora del amor libertador, con el fin de que tengas un medio de vida más puro, limpio, y alegre. Este es un medio de eliminar toda la acumulación de discordia en tu ser, para que te eleves y puedas unirte con la fuerza de tu espíritu.

CAPÍTULO 8

SEGUNDO PODER: LA ORACIÓN

Función: Corrección del pensamiento, Orden, coherencia, alineación

La oración es la elevación del poder de la palabra para ordenar los aspectos sagrados de la vida de los hombres, orientados a la alegría de vivir, sus poderes de afirmación o agradecimiento se usan para poner en movimiento la sustancia espiritual con un propósito definido. A lo largo de la historia, se ha utilizado la oración en las diferentes religiones, para ponerse en contacto con el poder superior divino desde una perspectiva de súplica o espera de un milagro. Pero la oración, es mucho más que eso, orar representa el poder a través de la palabra, unidad con el corazón para ordenar, entregar, disolver, en perfecta armonía algo que necesitamos cambiar en nosotros. Equivocados hemos estado, cuando oramos en forma de súplica o esperamos recibir algo, la oración es energía vibratoria y su manifestación depende de lo que se exprese en ella. Cuando se ora, lo que recibimos y enviamos son las vibraciones, (palabras/emoción) que van a las profundidades del inconsciente, pasando por la substancia etérea, modificando su contenido hasta devolverse a la mente del hombre en perfecta verdad. Se sabe científicamente que una frecuencia penetra hasta 6 cm el interior de un órgano. Su movimiento es circular, sale de ti, viaja a la energía cuántica y se devuelve a ti. El contenido de las palabras son la esencia de su manifestación, y la emoción con que son dichas, son el motor que pone en movimiento la energía.

La forma correcta de orar, se divide en 3 pasos:

1. Reconocemos en nosotros el asunto que queremos resolver

2. Entregamos a la substancia divina su solución, para que lo disuelva y te lo devuelva en verdad eterna

3. Agradecemos por su perfecta realización sobre el plan divino.

Jamás se suplica, tampoco se ora diciendo: te pido que me concedas….como la oración es tanto objetiva como espiritual, se debe afirmar lo que se desea en el tiempo presente. No con la esperanza de recibir el bien deseado. Recuerda que cada palabra tiene implícita una frecuencia de onda, entonces si dices, espero me ayudes a ….. El universo es textual y objetivo y vas a "esperar"... La palabra esperar, está en tiempo futuro, y la oración sólo funciona en tiempo presente. Si oras esperando que Dios cambie algo en tu vida, eso no sucederá, porque el principio de orar es cambiar nuestra actitud mental errónea respecto a un hecho desde la perspectiva que ello ya ha sido concedido, por eso se agradece y no se implora. Cambiando nuestra actitud, el hecho automáticamente también lo hará. En el mundo espiritual todas las cosas existen, lo que hacemos es ir a tomarlas o atraerlas para vivir una vida plena.

¿Qué debemos hacer? Orar, cada mañana apenas abrimos los ojos, esto es el poder supremo en manifestación. Esto abre el canal de tu mente, la conecta al bien supremo y modifica tu inconsciente sobre una nueva perspectiva. El resultado, es que tu actitud empezará a cambiar, y tus emociones cómo están conectadas al inconsciente también van a cambiar. De esta manera, el intercambio de energía se realiza cada día desde una perspectiva más alta, un bien más grande, una nueva conciencia más evolucionada empieza a circular. Cada día de oración, subes un escalón de limpieza, de liberación de transformación, estás cambiando una mente errada con la que has aceptas la enfermedad, la escasez, el desamor, como algo que debemos soportar. Te quiero decir que orar no tiene nada que ver con religión, puesto que yo tampoco creo en ella. No relaciones orar con algún tipo de religión, ni secta, ni movimiento espiritual. Tómalo como lo que es, una práctica que renueva tu espíritu para experimentar una vida plena.

El segundo poder de los 7 es realmente el primer poder, o mejor el más poderoso. Ya que su forma y su contenido son entregados al poder de la luz, para que tú seas liberado de la carga de transmutar la energía en orden y armonía. Al hacerlo estás libre de culpa, de sentirte herido, ya que no eres más que perfección, La mente de Dios está en ti, y cuando oras dejas que ella actúe en tu lugar, así con cada oración, anulas la acción del ego, y vas reconociendo que tú eres el creador liberándote de las capas de pensamiento erróneo de creerte impotente ante tus deficiencias. La oración abre un canal de conocimiento de tu ser en plenitud. Ya que sólo a través de la liberación del pensamiento falso conocerás el pensamiento de Dios. Ninguna cosa te puede ser negada desde la perspectiva que sólo existe la plenitud en el plano de amor incondicional, tú sólo eres un ser con una conciencia de amor y desde ahí todo es tuyo. Cuando oras, estás afectando tu inconsciente, tu vibración, tu energía cuántica, tus células, todo el conjunto del que estás compuesto. La diferencia entre tu mente falsa (ego) y la mente de Dios, es que el ego proyecta para excluir y separarte del bien divino y por lo tanto te engaña. La mente de Dios, se extiende con el fin de unificar, así tu eres Uno con la plenitud de tu ser. Pero el ego no puede resistir a la oración, su poder no es más grande que tú y la mente de Dios. Orando abandonas la idea de lucha sobre algún aspecto de ti que debe ser cambiado, ya que eso lo hará el máximo poder, tu acción es simple, tú oras para reconocer y entregar, y quien recibe tu oración, se encarga del resto. Tu trabajo llega hasta ahí, no trates de intervenir en los terrenos que no te corresponden.

Orando llegarás a encontrar la conciencia llamada Dios, escucharás su voz y sabrás que es tu voz, siempre estuvo escondida detrás de la voz del ego y ahora se revela y existe en la primera línea de tu pensamiento. La conciencia llamada Dios, no está más lejos que detrás de un pensamiento falso, Es la otra cara de la moneda, si le das vuelta al pensamiento limitado, su otra cara es el pensamiento ilimitado de la expansión de tu yo verdadero. Hallarás la perfecta igualdad entre tu yo y el yo de Dios. Al permitirte este proceso de pensamiento, así éste podrá ser recordado, ya que siempre ha estado ahí. Entonces tus pensamientos son ahora el reflejo de un estado de conciencia de amor por ti, por la vida, por lo que eres verdaderamente. Te permites una experiencia de vida liberada de los condicionamientos del yo falso. Dios creó a sus hijos, extendiendo su pensamiento en tu mente, todos tus pensamientos están por lo tanto perfectamente unidos a Él, así estás en la capacidad de percibirte unido a todo lo que deseas, unido a la plenitud "yo sé que todo lo que deseo hace parte de mi".

Verdad No 14

"Yo soy todas las cosas de este mundo"

La oración es una forma sutil de comunicarnos con nuestro ser creador, con la parte de la mente en donde se crean las manifestaciones de tu vida. La mente del hombre está compuesta por una mente consciente y una mente subconsciente. La mente consciente representa el 5% y la mente subconsciente el 95%. Qué Quiere decir, que el puesto de control de la manifestación de nuestras vidas depende de la mente subconsciente. Ella tiene el poder creador de todo cuanto existe, tu vida hoy ha sido creada en tu mente subconsciente. La mente consciente es la encargada de ejecutar, de tomar acción de las órdenes de la subconsciencia. Ya hace más de un siglo descubrimos que nuestros pensamientos son impulsos eléctricos que emiten vibraciones, las cuales son recibidas por la mente divina, creadora y amorosa. La cual es como un espejo que revela la película que tú quieras imprimir a través de pensamientos. La mente divina y nuestra mente se comunican por vibraciones que son emitidas por los pensamientos creados en la mente subconsciente y luego ejecutados por la mente consciente. Orando enviamos las órdenes en armonía para comunicarnos con la mente creadora de todo cuanto existe, permites que la transmutación del pensamiento entre en el inconsciente y modifique la materia así la orden que diste la verás manifestarse en tu vida. A la mente creadora, cuando se insinúa un deseo en su mismo idioma ella no tiene más remedio que lanzar en su realidad la cosa cumplida. Si La mente subconsciente quien es la encargada de la creación recibe esta sugestión diariamente, con persistencia y en cantidad suficiente para quede impregnada de tu deseo, inevitablemente, ella lanzará la orden a la mente consciente para que ella tome la acción necesaria y actúe en la realidad y tu deseo se haga manifiesto.

Los seres humanos no somos conscientes de las creencias que están en el inconsciente y ellas se resisten al cambio puesto que la mente del ego protege su imperio del mal, por esta razón, es que cuando queremos adelgazar, por ejemplo, decimos "No como más helado de chocolate", tú has pronunciado la palabra mágica "NO", esto para el inconsciente es decir SI, si como más helado de chocolate, entonces cuál es la orden que va al consciente: de ejecutar la acción de comer helado de chocolate. ¿Porque? Porque la orden viene del inconsciente bajo una negación, y ella odia que le digan No, una vez usted haya logrado manipular las creencias del inconsciente utilizando la ley de restitución y le haya sugerido cómo quiere alimentarse, por ejemplo: prefiero las frutas y verduras, me encanta comer pechuga de pollo y verduras, así su mente se enfoca en lo que desea, no lo niega sino lo transforma, lo hacemos de forma de sugerencia directa positiva. "Me encanta sólo consumir alimentos como frutas y verduras y es lo que más me satisface", su mente consciente lo tomará y ejecutará de esa manera. A usted le agradará comer frutas y verduras y habrá dejado como por milagro el delicioso helado de chocolate sin hacer ningún esfuerzo para ejecutar esa acción. Una vez es aceptada por la mente consciente, enviará la señal al consciente, quien es el encargado de las acciones del inconsciente, pero es importante cuando haga una orden, que en su oración diga: "reconozco que comer helado de chocolate es nocivo para mi salud entonces la resistencia al cambio de alimentación se la entregó a la parte de mi salud perfecta y divina para que la libere, ahora escojo sólo los alimentos saludables para mí". Tú no necesitas hacerte cargo de cambiar los pensamientos, las creencias están ocultas en el inconsciente y ellas llevan quizás todas tus vidas ahí guardadas, pero la mente perfecta si lo puede hacer por ti.

La mente subconsciente necesita recibir el estímulo adecuado, en el momento adecuado y de la manera adecuada, para lograr su colaboración en la creación de nuestro deseo. Ella no escoge si le gusta, si está de acuerdo, si está bien o mal porque la mente subconsciente a diferencia de la conciencia, no juzga, no critica, no clasifica. Simplemente ejecuta, el deseo es realizable, en cualquier caso, se trata de hablarle de la manera correcta y en el momento correcto lo que ella debe pensar. Ella sólo envía la orden a la mente creadora y la mente creadora creará en su realidad las imágenes que usted imprimió, las palabras que usted pronunció, y las emociones que usted sintió. La manifestación es un proceso mental de liberación, impresión, orden, atracción, certeza, sentimiento y entrega. Estos son los 7 poderes de la llave maestra. Einstein descubrió la ecuación más importante de la humanidad, E=m2 todo es energía. Sus pensamientos, sus palabras y sus emociones son energía creadora en potencia de devenir. Su vida es una película que cuenta una historia. Que sólo le pertenece a usted con actores involucrados, sus hijos, sus padres, su esposo, las situaciones. Son imágenes cargadas de emoción. La vida es un suceso de imágenes en un espacio de tiempo intemporal, la idea de tiempo en otro engaño del ego. En este momento si usted se detiene y mira a su alrededor, imprimirá este momento en su mente y este recuerdo es el que queda grabado en su vida otro suceso más otra imagen más para la película de su vida.

A continuación escribiré un ejemplo de oración, su contenido manifiesta el reconocer el error, el saber que será resuelto, la entrega a la mente de Dios para su perfecta realización, y por último se afirma en el presente. Orar es el pilar de los 7 poderes.

Oración para la abundancia:

"Yo sé que soy la mente que crea, reconozco que hay en mi pensamientos de escasez, limitación y pobreza, así no sea capaz de rastrearlos y conocer su origen, sé que están actuando por mí, pero ellos no pertenecen al bien infinito, ya que no tienen lugar en la verdad del amor, así que desde hoy los rechazó, los liberó, y entregó la resistencia a la abundancia al poder infalible de la mente de Dios para que actúe en todo el conjunto de mi ser, físico, cuántico y emocional, la acción de La mente cósmica anula, repara, transmuta y libera la resistencia a la riqueza en mí, y me lo devuelve convertido en verdad semejante a Dios".

La recomendación más importante para la efectividad de la oración, es que sea realizada al abrir los ojos cuando despiertes sin salir de la cama, este es el momento perfecto ya que la mente ha estado durante el sueño en estado theta y aún se encuentra abierta durante los primeros 15 minutos después de despertar. La mente subconsciente tiene un poder de creación de 8 millones de bytes, mientras que la mente consciente sólo tiene 5000 mil bytes de poder. Al entrar al estado theta de la subconsciencia su deseo se irá incubando y cada vez su oración será más contundente y se llenará de energía para que vibre en la frecuencia de tu deseo. Las palabras también tienen una frecuencia vibratoria como los pensamientos. Cuando se le ha dado la suficiente energía al pensamiento, su frecuencia de onda cambiará hasta volverlo materia. Te recomiendo que todos los días durante las próximas semanas, hagas este ejercicio, leerás en voz alta y escucharás la oración apenas abra los ojos, sin importar la hora que sea, 2 de la mañana, 3, 8, 12.

El poder de la oración lo vas a sentir, descubrirás que eres el dueño de tu manifestación, con la corrección de la mente errónea se irán depurando las capas del ego y si quieres te volverás un maestro de la manifestación, si continuas no solamente hasta lograr la abundancia sino hasta hacer la corrección de todas las voces del ego, descubrirás que tu mente es la mente de Dios, ella está ahí oculta detrás de las voces del ego, esto es el despertar a la mente iluminada. Cuando logras esto, dejarás de proyectar tus pensamientos falsos ya que el ego utiliza la proyección para destruir tu perfección, y hacerte creer que eres diferente o mejor que los demás, además te excluye de las propiedades del reino, te conviertes en un creador a voluntad, tu mente se unifica en una sola voz llamada Dios y ahora te coronas como Rey, serás portador de la divina corona de Dios, porque tú y El son una sola conciencia. Los pensamientos se originan en la mente del pensador y desde ahí se extiende hacia afuera, entonces tu experiencia la determina la mente desde la cual se creó. Si ahora eres un Rey, tu experiencia serán los bienes del reino, el reino de Dios sólo puede ofrecer su igual, así como también lo hace la mente del ego, puedes creer que esto es difícil de lograr, pero no, la moneda sólo tiene dos caras, tienes la elección de escoger cual cara de la moneda prefieres, tu voluntad prevalece sobre la mente falsa. Y con la oración, la mente del ego termina por callarse, así emerge la mejor versión de tí, la que viene de tu verdadero ser, encontrarás la libertad de ser y de tener ahora que reconoces que eres un creador. ¿Entiendes por qué eres un Dios?

CAPÍTULO 9

TERCER PODER: VISUALIZAR

Función: - La Creación del deseo - Efecto fotoeléctrico

Tu pensamiento es un espectro de luz emitida por un elemento – tu cerebro – Llamado el espectro de emisión, cuya función es una impresión digital, el código identificativo unívoco de la sustancia. Tus imágenes mentales emiten longitudes de onda que componen la luz emitida por la fuente; tu cerebro, lo que se denomina espectro. Todos tus pensamientos emiten ondas electromagnéticas, o sea luz, cuando tú envías luz, se sabe que sacas electrones denominados partículas. Teniendo en cuenta que la luz es una onda de los campos eléctrico y magnético, el mecanismo es claro: el campo eléctrico de la onda luminosa (tu pensamiento) ejerce una fuerza sobre el electrón (partícula). Así se coagula la energía libre en materia. Se comprobó que al aumentar la intensidad de la luz (tus imágenes mentales) aumenta de igual manera la cantidad de electrones liberados. Lo que quiere decir *que entre más intensidad crees imágenes mentales, más electrones son liberados. Tus pensamientos son entonces quantos de energía, cuando ellos son liberados son reemplazados por electrones o sea partículas. La energía liberada por tus imágenes mentales, son proporcionales a su frecuencia. Esto quiere decir que, de la calidad de tus pensamientos, frecuencias altas o bajas, se forman las partículas responsables de crear la materia. Los quantos de luz en el año de 1920 fueron llamados "fotones" (por el término griego que significa precisamente Luz), La luz es a su vez onda y partícula, la cual es una particularidad de los objetos subatómicos. En conclusión los fotones y electrones tienen un comportamiento de onda o partícula según las circunstancias, lo que nos lleva a deducir que las imágenes mentales son a su vez onda y partícula y dependiendo de su intensidad crearán la materia.*

El segundo poder activa el círculo de manifestación desde el punto de vista de la fijación de tu idea, la crea. La visualización presenta una dualidad, con ella creas tu deseo pero al mismo tiempo ese deseo es algo que ya existe en la realidad inmaterial. Por eso tu mente es capaz de verla, visualizas algo que ya existe, cada vez que lo haces alimentas de materia tu deseo. Visualizar le dará la consistencia, el enfoque, y la dirección. Visualizar, pone el objeto de tu deseo en un estado de realidad todavía inmaterial al nivel de la energía cuántica, se encuentra aún en estado latente, pero tan real como la materia, la imaginación es justo el estado anterior a volver sólido tu deseo. Dependiendo de tu poder, y de la cantidad de pensamientos provenientes del ego o de tu yo verdadero, este se tardará más o menos en realizarse. Tu poder viene de reconocer que eres tú el Dios de la creación, tu poder está ahí, siempre lo ha estado, pero las capas del ego, o sea tu mente errónea impiden que le des luz a tu mente y saques la verdad de tu ser. Visualizar es el ejercicio que imprime en la energía tu deseo. Todo antes de ser energía sólida fue energía libre, jamás piensas que tu manifestación viene de afuera hacia ti, el círculo se realiza desde el pensador, hacia el flujo de conciencia, el proceso viene de la vida que eres tú, hacia la conciencia universal. Tus pensamientos van quedando grabados en tu aura, que es la energía electromagnética que te sostiene y contiene, todo lo que piensas y sientes queda registrado en el aura para luego ser dirigida al flujo de conciencia, y ella a su vez como es la ley, te será devuelta, el proceso siempre es circular, lo que va debe venir para que se haga la experiencia y esto sea comprendido desde el punto de vista de la experiencia material en la vida. O sea, lo que vives cada día. Visualizar más allá de una imagen, te hace comprender que todo cuanto puedes imaginar es tuyo, ya que si eres capaz de verlo es porque eres capaz de tenerlo o de ser ello que ves. No es posible que imagines algo que no eres, ya que la mente está en conexión directa con el alma, con tu ser superior y con la mente de Dios. Si eres un ingeniero que sueña con construir el mejor proyecto, ese pensamiento proviene de la esencia divina de su ser, ya que un escritor jamás podrá imaginar lo mismo. Esta es la razón por la cual tu deseo viene de la verdad de tu ser. Cada persona tiene una esencia con la que se conecta con la expresión más alta de su verdad como ser humano.

Ahora sabes que el pensamiento en acción, está alterando la materia cuántica, esta substancia se recrea a medida que tú utilizas el poder de la imaginación ya que los pensamientos que también son quantum de luz empiezan a crear una nueva materia proveniente de tu imagen mental. Este es tu poder del espíritu individual, manifestado en la materia universal.

Reflexiona un momento, si tu pensamiento es quantum, y se recrea en la materia universal, ¿qué se necesita para que este pensamiento llegue a ser materia física?

Se necesita una cantidad suficiente de quantum para que se haga materia, lo que se traduce en un esfuerzo consciente de poner el poder del pensamiento en acción. Tu mente y la mente universal sólo se diferencian en el poder condensado. Ya que la substancia es la misma.

Por medio de la visualización transfieres esta energía creativa desde lo individual (tu mente) a lo universal, (el universo cuántico) desde el centro de creación, el poder de la imaginación.

Ahora sí somos capaces de reconocer, que la imaginación es ilimitada, por lo tanto, nosotros somos seres ilimitados. Ya que poseemos el poder de co-crear a nuestra voluntad. Puesto que el límite sólo existe en nuestra mente, lo que deseamos puede ser lo más grande que podamos desear siempre y cuando seamos capaces de aceptarlo. Debido a que la manifestación será efectiva en correlación directa a lo que somos capaces de aceptar como nuestro. Si crees que eres merecedor de 5 millones de dólares, eso es lo que puedes manifestar. El límite está determinado por la cantidad de amor propio que te concedes. Solo tú y nadie más que tú, determina la cantidad que manifiestas, tu límite está en el amor. ¿Cuánto merezco?

¿Cuánto soy digno de recibir?

Lo único que te separa de tu deseo, eres tú mismo, manifestar, es aceptar el amor. Tú no estás separado de la fuente, tú eres la fuente, en un grado individual. Pero Dios, nos dió menos poder de manifestar, ya que te imaginarias si todo lo que piensas se hiciera materia al instante. Crearemos catástrofes, desdicha, odio, etc. Tenemos el mismo poder, pero él llega a la materia a través de la constancia, a través del enfoque sobre la misma imagen.

Cuando te encuentras en un estado emocional bajo, de autodestrucción es casi imposible manifestar algo, puesto que se necesita de la creencia del merecimiento para materializar.

Una afirmación poderosa que puedes utilizar para tomar conciencia es decir, yo estoy compuesto de luz, del mismo material del que está compuesto el universo, mis pensamientos son luz creadora, yo creo a mi imagen y semejanza del amor que me profiero. Mi mente es fuente de creación infinita.

Las imágenes mentales, son quantums de luz, volviendo a la sustancia de origen, y recomponiendo una nueva imagen de sí mismo en otra posibilidad de vida. Si afirmas con decisión verte a ti mismo disfrutando de cosas que deseas, entenderás que la energía creativa se está modificando hacia tu nuevo deseo, esa energía creadora ahora es direccionada sobre el enfoque que tú le das. Aquí yace el poder de mantener el enfoque y jamás volver al pensamiento de que eso no es posible.

También es importante mencionar, que mantener en secreto tu deseo, le da más poder y energía, jamás digas a nadie lo que haces, eso lo debilita. Durante el tiempo que estés creando una nueva imagen de ti mismo, no lo cuentes a ninguna persona. Guarda para ti, esa energía, para que se mantenga.

Por esto es, que cuando tenemos problemas necesitamos hablar de ellos con alguien, ya sea un amigo o con un profesional. Porque buscamos deshacernos del problema, hablarlo debilita la energía implícita en él, y su incidencia se debilita en nosotros. Entonces, sólo háblalo para ti mismo, escríbelo, y luego guárdalo para ti el papel donde quedó escrito.

Escribir tu deseo cada día, también le da poder, escribir es una de las formas que utilizamos para aprender, entonces, escribiendo tu deseo, estás absorbiendo y grabando lo que buscamos es impresionar la mente.

Sólo tomando acción, podrás ver un resultado, quizás tu deseo no es tan real en ti, que sea tedioso hacer el ejercicio, pues como todo logro se necesita un poco de esfuerzo. Se debe ser lo suficientemente valiente para asumir la responsabilidad de sacar la luz de lo que está escondido adentro. La diferencia entre un manifestador y un fracasado está en la motivación, nunca en su capacidad de manifestar. Aquel que llega, es porque asumió su parte con trabajo, con esfuerzo, sabiendo que es el único que puede hacerlo. Nadie vendrá a ti, a decirte, ven yo te saco del fango, eso no sucederá, por el simple hecho que esa es tu misión. Sobrepasar una auto-imagen creada sobre conceptos de lo que somos o no somos. La única verdad aquí, es que todos somos los creadores de nuestra vida, podemos también admitir que existen otras formas de creación, y que los milagros son aceptar el amor por nosotros. El amor puro es lo que hace realidad tus sueños.

Moldear la sustancia a tu antojo es algo muy simple, basta con enfocar la visualización y mantenerla, hacer este ejercicio estamos todos en la capacidad de hacerlo. La diferencia radica, ¿en qué tan dispuesto estás para hacer el esfuerzo de mantenerlo el tiempo suficiente? Con la actitud del ganador, El ejercicio puede durar 15 min, con cada día de práctica dirigiendo la energía sobre la misma imagen mental, y combinando la visualización con los otros aspectos del poder de la llave, se encuentra tu reto. Sobre el tema de mantener este ejercicio cada día, ser persistente, podrías utilizar el Método Kaizen, si no eres una persona disciplina, o que está iniciando, te pones un pequeño reto diario, que irá aumentando, a medida que vas practicando los aspectos de la manifestación. Una vez que has interiorizado, que la fuente de toda creación la puedes magnetizar con la voluntad de tu mente, y que ella no toma forma de manera involuntaria, pondrás en movimiento el poder creador.

Pero en los 7 poderes de la llave de oro, existen otros aspectos, que son necesarios para crear tu imagen en la materia. Ya que somos seres complejos, formados por capas que están grabadas en lo profundo de la mente, muchas veces no es suficiente utilizar la ley de atracción. Ya que el motor de toda creación está en la mente subconsciente y ella debe estar limpia de los opuestos negativos que impiden manifestar.

Esta es la razón por la cual a mucha gente nunca le funciona la ley de atracción, ya que la energía espiritual para crear, está compuesta de 3 aspectos de la acción interna, que son necesarios trabajar en nosotros, 1. Ordenar, perdonar, liberar, armonizar, se hace con la oración. 2. Crear, focalizar, dirigir, se hace con la visualización 3. Atraer, pertenecer, se hace con la gratitud. De los 7 aspectos estos 3 son acciones, los otros 4 son el resultado de la acción interna.

Una de las razones para que una imagen mental no se materialice, es cambiar de visualización, si cambias con frecuencias tus imágenes. Después de muchos cambios la imagen mental no es clara y directa, yo solía hacer esto, cambiaba de imagen mental y después de practicar mucho, me preguntaba por qué no había visto su manifestación. Hasta que entendí, que el universo es un papel fotográfico y necesita de contraste para revelar la imagen. La indecisión en lo que se quiere es una razón de fracaso, es como querer varias fotografías nítidas en un solo papel, si las sobrepones ninguna será clara. Pero si por el contrario haces el ejercicio de manera enfocada y clara la matriz recibe el tinte y llegará al contraste; de esta manera tus imágenes (quantums de luz) revelarán la fotografía.

Si deseas dinero, se especificó en la cantidad que quieres manifestar, imagínate recibiendo ese dinero, puede ser un cheque, contando los billetes, pero lo importante es que no cambies la cantidad, sé firme en tu deseo, así un día te levantes pensando que tu pedido es demasiado, se firme en tu propósito.

El principio que da origen a todo no depende de ninguna persona, lugar o cosa, tampoco del futuro ni del pasado, toda creación sólo se crea en el presente, tampoco se condiciona a que tú seas de una manera u otra, no condiciones el recibir tu deseo por ningún motivo.

Tú eres la única razón que bloquea la manifestación, que la retarda, que la resiste. No hay ninguna causa externa que sea el causante de esto.

La visualización es el inicio del círculo de la manifestación, este aspecto es el de la creación, así que, para obtener una manifestación real e infalible, la clave está en permanecer sobre la misma imagen buscando qué es lo que te da la emoción de tener o ser lo que deseas.

La manifestación es una operación circular, cada aspecto se apoya, se transforma y se correlaciona de los otros. El padre, el hijo y el espíritu santo, son la representación de la santísima trinidad, Uno (Dios) implícito en 3. El trígono dirige toda la reparación del ser interno a la energía divina (Uno) para ser transmutada en la transformación de la materia, si quitas un aspecto, el círculo no tendrá movimiento, y la rueda necesita de los 7 puntos para ponerse en marcha. Tu alma desea lo que tu deseas, el que no lo quiere es tu mente falsa, pero si eso que deseas no es lo mejor para tí, la oración arregla esa desarmonía, puedes enfocarte sobre un ideal, por ejemplo, si quieres encontrar la pareja ideal, no piensas en alguien específico sino en el ideal del amor. Liberar las personas en la imagen permite que el universo actúe de la mejor manera, y tú recibes lo que te corresponde sobre un ideal basado en el amor. Con el dinero yo prefiero una cantidad determinada, así no existe ambivalencia, y con la salud, tu visualización será verte en un estado de luz perfecto, enviando amor a todas tus células, cada parte de ti, tu cuerpo físico, tu cuerpo emocional, tu cuerpo cuántico vibran en luz de amor.

Verdad No 15

Somos un componente vibratorio, emocional y espiritual. Con una forma física para mantenernos en esta realidad material, entonces lo que debemos poner en orden es la vibración.

Crear de manera infalible: Crear con emoción es la clave de la visualización

La emoción, es una energía vibratoria que se manifiesta cuando tu mente llega al convencimiento de que algo es verdad. Y lo que estamos buscando cuando visualizamos es esa emoción, porque es vibración emotiva el alimento de la materia. Eso es lo que hará que el deseo se transforme de energía quántica en materia, (tus imágenes son energía cuántica).

E=mc2, La fórmula más famosa que conocemos en física nos dice que el universo es un entramado de energía, filamentos de luz que vibran, Todo está en estado vibratorio. Si tomamos en cuenta que somos los emisores de vibración a través de las emociones, la matriz divina compuesta de hilos de pura energía entrelazados entre sí; infinidad de conexiones brillantes que suben y bajan de intensidad según la emoción de quien las manifiesta. Todo lo que ven tus ojos son eso, pura energía en vibraciones diferentes, son partículas subatómicas, tus manos, tu vecino, la mesa, la calle todo es sólo energía.

Verdad No 16

Tú tienes el poder de controlar el cuándo de tu manifestación, por medio de la emoción.

Primero: la emoción es la substancia primordial para manifestar cualquier deseo.

Segundo: el canal directo de comunicación entre la fuente de todo poder y tú, se hace por medio de la emoción

Tercero: la emoción es vibración y puesto que el universo es luz y vibración, tu emoción es la fuente de toda manifestación.

Cuarto: Auto-proclamarse merecedor y digno, son el principio y el fin del milagro.

Quinto: nada más grande que el amor propio para manifestar el sueño de la cima más alta.

Sexto: tu emoción respecto a tu deseo te sitúa en el tiempo de la manifestación, ¿qué tanto te amas? ¿Qué tan digno eres? ¿Qué tanto crees ser merecedor? Si ya lo eres vendrá inevitablemente, como el sol sale cada mañana, es ley.

Séptimo: ¡cuando sientes felicidad respecto a algo, ahí estás en la verdad! La felicidad y el amor por ti, son la sustancia con la que el universo manifiesta tu deseo.

Octavo: ¿alguien más que tu propia mente te niega tus sueños? ¡El universo entero está contigo, te bendice, te da lo que pidas, sólo tú te lo niegas!

¡Ahora el ejercicio es, encontrar una imagen mental en la visualización que te produzca emoción! Cuando imagines que recibes, disfrutas o eres tu deseo, busca las imágenes o la imagen mental que te haga vibrar de emoción, cuando logres esto, la matriz va a modificar las partículas subatómicas y le dará la nueva forma que tú has creado.

El componente vibratorio de tu visualización mueve la energía subatómica, hasta transformarla. Como la energía es imparcial, no juzga, no critica, no condiciona, sólo recibe lo que se comunica con ella, quiere decir que no existe impedimento.

Es necesario visualizar, hasta lograr una imagen nítida en tu mente, también debes llegar a sentir la emoción de que has recibido o logrado lo que deseas, ese será un sentimiento de certidumbre inconfundible. Es así cómo se elabora la fe que mueve montañas, porque tu mente aceptó la idea como una verdad, y la fe es un sentimiento de certeza que lo que deseas es tuyo. Estás edificando un nuevo ser desde tu propia voluntad, te convertirás en un nuevo hombre con poder de realizar sus sueños ahora sabes cómo se edifica la fe.

Puedes utilizar la oración de Ramtha cuando visualices, ella crea el puente de conexión entre tu deseo y el yo interior (dios), puesto que se manifiesta, se trata de reconocer que somos Dios utilizando el poder de crear, y que en Dios no hay energía dividida, lo positivo y lo negativo son uno, lo manifestado y por manifestar son lo mismo! La manifestación es un estado de consciencia que tú y lo que imaginas eres tú mismo en estado de energía libre justo antes de la materia.

Desde el señor Dios de mi ser

Desde el padre interior

Hasta esta hora,

Manifiéstate hasta la alineación,

Manifiéstate hasta el poder,

Manifiéstate hasta la realización,

Manifiéstate hasta la ley,

En esta hora,

Al padre interior

Doy testimonio

De que aquello que yo concibo

Para la gloria de Dios el padre,

Que es todo

Por siempre y para siempre.

¡Que así sea!

¿Ahora quieres manifestar? ¡Manifiesta algo grande, aquello que te acerque a Dios, manifiesta algo que te traiga gozo, plenitud, satisfacción, no te contentes con poco, eso no es amor!

La llave que abre la puerta de los cielos está en la emoción, en poseerlo, en aceptarlo, debes vivirlo con la mayor intensidad, las emociones gobiernan las leyes de la manifestación, así que crea imágenes mentales que te produzcan emoción. Quizás tienes dificultad para sentir, ayúdate con música, busca herramientas para sentir emoción.

¿Ya sabes qué hacer, empieza ahora, que nada te distraiga, apaga el teléfono, que todo esté dispuesto para no interrumpir estos 15 min, o lo que desees, trae las imágenes mentales, cierra los ojos, busca la emoción en los cuadros de tu mente, qué quieres sentir cuando tu deseo sea una realidad? Debes aceptarlo, así se crea, debes sentir, habla de lo bien que se siente poseerlo, cuando esto suceda, vas a recibir en perfecta armonía con tu vida, con quien eres, esa idea que vas a ejecutar para cumplir con tu sueño. O simplemente sabrás que ya está realizado. Práctica la actitud de ser poseedor de tu deseo, comprende que eres aquello que deseas ser, afirmando y sintiendo que ahora tienes y eres tu deseo, siente la alegría de saber que eres tu deseo.

Llegará el momento en que vas a sentir con tal emoción tu deseo que en ese punto debes saber que estás al 90% de tu manifestación, el 10% restante se dará con la rendición o con la acción de lo que recibiste como idea. Ella será clara e intensa, y sentirás que es el camino para conseguir lo que quieres. Ahora pasa al siguiente capítulo, donde te hablo de esa idea.

¡Que así sea!

Todas las cosas por las que oren y pidan crean que ya la han recibido y les serán concebidas. Marcos 11:24

CAPÍTULO 10

CUARTO PODER: LA GRATITUD

Función: Atraer el deseo

La gratitud es el cuarto poder de la llave de oro, su función es atraer, es un aspecto que se manifiesta en el alma, su energía se crea en el corazón, a través del sentimiento que tu deseo ya es tuyo. Puesto que agradecer es pronunciar que ya poseemos por lo que agradecemos. Se cree que el ser agradecido podría denotar una persona conformista, pero en realidad es todo lo contrario. Una persona agradecida, cuando se es agradecido de corazón, es alguien que desea entrar en estado de gracia. La gratitud es grandeza, el descontento es debilidad. Una persona que permanece en estado de descontento, está enfocando su atención mental en estados negativos. Y si recordamos que el estado mental es una manifestación en la realidad, su realidad será negativa. El estado descontento te roba tu fuerza y tu energía. La palabra gracias, no es una simple frase de cortesía, es por sobre todo, una frase sagrada, un encantamiento mágico, es un poderoso mantra transformador. El mantra de la gratitud, tiene el poder de despertar la conciencia y despertar a la verdadera riqueza. Aquellos que han aprendido a agradecer hasta en los momentos más difíciles, han comprendido un valor incalculable del camino del alma para llegar a ser Dios. Han Llegado a un estado de conciencia superior del conocimiento de las leyes de la vida. Entonces aquel que agradece todo en su vida posee el poder de la alquimia, para transformar las situaciones de plomo en oro. En los momentos críticos de nuestra vida, que es el plomo, tenemos el poder del agradecimiento para transformar en oro todo cuanto vivimos, sólo utilizando uno de los poderes de la creación: "Gracias"

El agradecimiento purifica el alma y la mente de la persona, la libera de un estado mental negativo. Purifica La atmósfera de su entorno, sana relaciones kármicas con personas, con la relación que tenemos con el dinero. Gracias aporta un poder liberador, el desapego, facilita el perdón. Se convierte en un escudo de defensa en contra de cualquier situación negativa. De las fuerzas oscuras que nos pueden perturbar. Por Medio de la gratitud se construye una vida armoniosa, en gracia, sobre una base sólida sobre el aspecto mental con que miramos la vida.

El agradecimiento, es un poder divino el cual podemos ejercer solo con el útil de la emoción y la mente. Sentirse agradecido, es utilizar el poder de la transformación del alquimista. Conviertes el agua en vino, el plomo en oro, la oscuridad en luz. Tienes unos de los poderes más grandes en tus manos, para crear dinero no necesitas tener ni una sola moneda en tu bolsillo. Con el agradecimiento atraes eso que te hará sentirte agradecido, de tu energía interior magnetizas la misma energía que recibes. ¡Así lo hice yo!

Verdad No 17

Sentir con la emoción de la gratitud, te convierte en alquimista.

Si sigues centrado en un estado de descontento te estás negando el poder transmutador que se encuentra en tu mente. Por supuesto si vivimos sin espiritualidad, sin conciencia, del poder del agradecimiento tú mismo te hundes en el fango de la "desgracia" quiere decir "sin gracia", --- ¿entiendes esto? -

El alquimista es un hacedor de milagros, entonces, tú eres un hacedor de milagros! ¿Entiendes tu poder? Puedes a tu voluntad hacer milagros Desde tu corazón-emoción agradecido.

Es al universo de la energía y la vibración fuente divina de la creación donde llegan tus pensamientos de agradecimiento, allá, se gesta y se coagula todas las realidades de la vida.

Los milagros se entretejen hasta que llegan a una cantidad de energía suficiente que tú has transmitido a la fuente para que se manifieste.

Acepta ahora tu poder de transformar un entorno negativo en gracia, no niegues el Dios en ti. Ahora te pregunto: ¿Por qué crees que nacimos desnudos?, vinimos al mundo sin más que piel, órganos, mente, espíritu y alma. No tenemos en la piel un bolsillo con un cheque para poder crear dinero, pues es simple, porque con sólo nuestro ser es suficiente, ya venimos dotados de todo lo necesario para crear todo cuanto deseemos. ¡Por eso! El poder máximo de la creación está en tí.

En la vibración de tus pensamientos creas desgracias o milagros, también nos dotaron del libre albedrío entonces puedes decidir qué vas a hacer ahora, ¿vamos a la cima de la montaña o te quedas en el fango?

El sentimiento que genera el estar agradecido se extiende en ondas expansivas de puro amor, como el universo se comunica por vibraciones y las del amor son las más altas, el efecto de rebote es inmediato. Tu campo electromagnético está ahora cargado de la vibración de la gracia y te devolverá más gracia.

Los pensamientos y la emoción de la gratitud, vibran en ti, vibran en la fuente al unísono, son uno solo tu mente y la fuente; este poder magnetiza un estado de gracia en ti que crea en tu situación de vida algo que te hace sentir aún más gratitud, sólo puedes crear algo desde el mismo lugar. Que quiere decir, que si estás continuamente diciendo o pensando, esto no me gusta, eso lo detesto, esto no lo quiero más, te sigue llegando lo mismo….entonces por mucho que tu situación de hoy creas que no hay algo que agradecer, pues te digo que esa situación es tu maestro al cual agradecer algo que tu ego no es capaz de ver. El único camino es agradecer y perdonar para transmutar la energía, más allá del pensamiento del ego, todas las situaciones contienen la semilla de algo que nos lleva a ser más grandes.

La situación en la que estás hoy es tu maestro, está ahí para sobrepasarla, para tomar el estado de conciencia mental que sólo existe para ser liberada agradeciendo y perdonando. Esa es su razón de existir, para integrar en el corazón, agradecerlo, y dejarlo ir. Entre más agradezcas más rápido sales de ahí.

No es el contrario, entre más niegues su existencia más ella se reproduce. Ama sin condición la situación en la que te encuentres, así la atraviesas y te disparas al otro lado. Es la manera más rápida y directa para llegar a un estado de gracia y no seguir en la desgracia. ¿Entiendes esto? Cada pensamiento te sitúa en un estado, de gracia o de desgracia. ¿No tienes nada por qué agradecer?

Estoy segura que sí, sentir el sol que te calienta el rostro, tener a quien amar, agradecer las cosas simples te dan esa energía, saber que ahora el poder está en tus manos…. Es un motivo para agradecer.

Cuando no tenía más que para comer al día, sin saber si al día siguiente habría algo, se siente uno tan desgraciado, y de eso se trata, estar en la des-gracia mental, pero cuando estás en la misma situación en que ya no tienes dinero pero tu mente está en estado de gracia la energía te dispara a una situación maravillosa, mientras que niegas el agradecimiento sigues en el fango del hambre, las dos situaciones pueden suceder pero lo que transforma tu vida es el estado de conciencia de ver con la perspectiva de que todo es posible. Tu avenir lo determina tu estado mental, nunca la situación externa, ya que en un segundo todo cambia.

De tu emoción, de tu amor, de la energía vibratoria el flujo de conciencia sabe lo que necesitas, y sé que te lo enviará apenas entres en una mente agradecida.

Como ves la vida es simple...alimenta tu mente de la gracia divina, y ella te devuelve gracia divina, ¿sencillo cierto?

En contra de toda realidad aparente, la verdad se teje en un universo que tú no ves, ese universo solo se siente y se alimenta desde la vibración de tus emociones. El milagro llega cuando puedes "ver" desde la gracia.

Ahora examina tus palabras, tus pensamientos, y quizá dices:

- Esto ya no lo soporto
- Esto ya no lo quiero más
- Esto lo detesto
- Esto no es para mi
- Esto no es suficiente

Ahora qué tal si dices:

- Abrazo y agradezco………………… gracias, gracias, gracias

Por favor NO escuches a la gente que dice: pero mira la realidad! La realidad es un escenario cambiante, hoy estás en un lugar y mañana en otro.

Verdad No 18

La vida es un escenario con el principio inherente de ser modificado a cada instante hacia algo mejor aún.

"No obtendrán nada de lo que piden y no pueden tener nada de lo que quieren si lo suplican, porque su propia afirmación es un sentimiento de carencia" al decir que desearían una cosa sólo sirve para reafirmar su carencia en su vida. Por lo tanto, la actitud, la afirmación y la oración correcta se hacen desde la gratitud. Ahí está la clave.

Cuando decidimos dar gracias por algo que deseamos, estamos realmente reconociendo la verdad, de que eso está en la realidad inmaterial, sin manifestar. Nos ponemos en una emoción de recibir algo que ya es nuestro. Pero si nos situamos en el "quisiera….." o en la súplica, afirmamos desde la falta de ese algo. Por eso es fundamental agradecer, agradecer es aceptar y recibir algo que ya es nuestro, la vibración de tu emoción cuando se agradece es muy distinta que cuando se pide. Cuando pides esperas en un tiempo futuro que quizás llegue, cuando agradeces te sitúas en el presente manifestando su realidad aquí y ahora. ¿Ves la gran diferencia? De hecho todo ya tiene lugar en el universo, solo que la tarea es darle substancia para su materialización. ¡No supliques ni esperes nunca! ¡Agradece!

¿Cómo puedo estar realmente agradecido por algo, si sé que eso no está presente?

Lo creas desde la fe, desde la confianza, desde la emoción, porque sabes ahora que nada te es negado si tú mismo no te lo niegas. Nuestro es el cielo si así lo creemos. El único que ha impedido recibir los regalos disponibles para todos, es tu mente falsa. Nadie está exento de ir al paraíso porque todos somos y venimos de la misma fuente divina. Y nuestra tarea es volver a ella, tomando conciencia de ello.

Con la fe y la convicción moverás el universo para que te entregue lo que ya es tuyo. Magnetizas a través de tu emoción de agradecimiento y la ley se activa. En la medida que sea fervientemente sostenido como una verdad, en esa medida te es entregado.

A la única persona que debes convencer es a tí mismo, si tú lo crees desde la emoción, serás infalible. Porque estás reprogramando tu mente subconsciente para que lo materialice en la realidad. La manera más eficaz de reprogramar el motor de la creación es cuando piensas, hablas y actúas sintiendo desde el agradecimiento. ¡Siente la emoción de agradecer! Entonces la oración se convierte en una plegaria de acción de gracias, ya no es una petición sino una afirmación por lo que ya es.

Te permites estar en gracia, y así recibes gracia, verás cómo se manifiesta más de lo que deseabas, porque tu pensamiento es limitado, en cambio el pensamiento de la fuente es ilimitado. No te corresponde decidir ni cómo ni dónde vas a recibir, esa es la tarea de la fuente, tu tarea consiste en agradecer todo, pensar, sentir y tener una actitud de gracia. Sólo podemos crear desde el mismo lugar a donde queremos llegar. Sólo podemos ser abundantes siendo abundantes. Por eso hay una frase que dice, que al que tiene se le dará y al que no tiene se le quitará. Cree que tienes así en este momento no sea cierto agradeciendo, debes limpiar la mente falsa de la idea de carencia y de separación, ahora mismo estás en la capacidad de ver la verdad. Alimentar al inconsciente de la vibración de recibir, te conecta a la fuente, entonces si tu mente inconsciente lo cree lo manifestará.

Verdad No 19

Agradece lo que quieres y lo atraerás a tu experiencia

Desde la voluntad de agradecer, tienes el control absoluto de tus manifestaciones. De hecho, así fue como lo decidimos antes de venir a este plano existencial. Tenemos vibraciones - emociones dentro de nosotros que son dominantes, por ejemplo, cuando pensamos en dinero, se siente para ti como liberación, facilidad, y dicha o se siente más bien como lucha, dificultad, trabajo duro. Así te puedes dar cuenta en qué emoción vibratoria te encuentras. ¿Cuál es tu emoción dominante respecto al dinero?

Esa es tu propensión a vibrar, quiere decir tu hábito de sentirte frente al dinero. Entonces ¿cómo llegaron a ser dominantes esas vibraciones en ese tema del dinero o cualquier otro tema?

Porque Tu Enfoque mental se ha situado desde la carencia. En el yo quiero, yo quisiera…., es difícil para mí, la vida es difícil etc. Pero hasta las creencias dominantes se pueden cambiar, el objetivo es que vuelvas al núcleo del amor natural, al estado de gracia, a tu apreciación por ti mismo, de auto-respeto, de la expectativa de cosas maravillosas llegando. Esa debe ser tu verdadera creencia fluyendo de manera natural.

La gratitud, es el arte de saborear la vida con agrado, es expandirse en vez de contraerse como cuando estamos descontentos, dar las gracias en ponerse en camino de adquirir las bendiciones de la vida. Pues el universo sabe exactamente lo que necesitas. No es necesario ocuparse a pensar en lo que deseas, si permaneces en una actitud de agradecimiento, la fuente reconoce tu vibración y te ofrece más de lo que tú podrías imaginar. Esta actitud es comunicación directa con el amor. Cuando el agradecer se transforma en ti en una oración permanente, adquiere el poder de triunfar sobre las fuerzas oscuras (ego) y los estados mentales negativos que bloquean tu felicidad. Si no sabes cómo escapar a un estado mental destructivo, agradece, automáticamente y tu estado mental cambia, y la vibración también. Esta es la oración más eficaz para salirte como una flecha.

La palabra gratitud también es renacer en gracia, en uno mismo. Debemos practicar la alquimia de la gratitud para transmutar el plomo en oro. Esto es una necesidad para aquel que quiere ver milagros en su vida. Cuando llevamos el cielo dentro de nosotros mismos, no hay fuerzas negativas ni resistencias, no existe entonces la negación de su propio bien, aquí llamo fuerza negativa al descontento. Desde ahí, donde te encuentras hoy, es el único momento y lugar que cuentas para entrar en estado de gracia. No puedes esperar agradecer si pones condiciones, como "cuando encuentre un nuevo trabajo agradeceré" cuando logre salir de esta crisis agradeceré. El poder está ahí contigo, aquí y ahora, si esperas el futuro para agradecer, ¡será en el futuro que agradecerás! ¿Entiendes? Sólo el presente tiene el poder de transformar el futuro. Si esperas agradecer quizás nunca consigas por qué agradecer ya que sólo creas tu futuro hoy. Ensaya, no hay nada que perder si agradeces hoy, comenzarás a sentir otra emoción dentro de ti, a sentirte con derecho y merecedor.

Así permites que entre en tí la gracia divina de las bendiciones disponibles para todos, entras en comunión con lo que es, desintegras cualquier negación de tu manifestación.

La gratitud es la actitud de reconocimiento del amor incondicional hacia nosotros, en cada momento estamos viviendo una experiencia para comprender en ella su bendición, ya ella está ahí para llevarnos de regreso a casa. Es una forma de estar en unidad a la fuerza de Dios; de que todo pertenece a Dios y va hacia Dios. Lo único que impide la manifestación de tu deseo, es el pensamiento de estar separado de él, cuando piensas que tu deseo está por fuera de ti, en algún lugar, creas separación, crees que debes ir a alguna parte para lograr tu deseo, pero no, sólo un pensamiento es suficiente para manifestar. El de creer. Agradeciendo, disipas la creencia de no tener suficiente, que tú no eres suficiente y que además no hay suficiente para todos. ¡Si en realidad la abundancia es infinita! Contribuyes con una respuesta amorosa a la fuente de toda creación, además traes más paz al mundo.

Verdad No 20

La gratitud es un proceso interior, es tu actitud mental ante la adversidad, que disuelve la negación de la gracia.

CAPÍTULO 11

QUINTO PODER: AFIRMACIONES

Función: Crea una nueva red neuronal

Las afirmaciones son la manera de asentar en tu mente un nuevo pensamiento, ellas afirman una verdad, pero son necesarias en la medida que se deben establecer nuevas redes neuronales. Ellas contienen la información de preceptos a la luz de una conciencia iluminada.

El pensamiento y su manifestación

El pensamiento es recibido por tu cerebro que es el órgano de la conciencia, cuando tu espíritu de la razón consciente acepta, incluye completamente una idea, una creencia, está convencido de algo, envía al corazón, donde se ubica la súper conciencia, donde esta toma cuerpo, y manifiesta mediante acontecimientos en tu vida. El subconsciente acepta tu creencia tal y como se la dices, acepta tu veredicto sin objeción. Así, es como esos acontecimientos quedan escritos en el libro de la vida. Emerson dijo: "el ser humano es, lo que su pensamiento quiere que sea". El único poder que transforma tu vida se haya en el inconsciente. Todo lo que siembres en tu inconsciente va a manifestarse. Es necesario que exista armonía y coherencia entre tus pensamientos conscientes y subconscientes, ya que el desequilibrio entre lo que tu consciente está a diario emitiendo al universo con pensamientos, como son la envidia, el egoísmo, la crítica, la preocupación etc....Influyen totalmente en los acontecimientos de tu vida. Así lo que se va a manifestar es autodestructivo. Por el contrario, si tu conciencia y superconciencia están en alineación, con un pensamiento unificado de éxito, hará que la vida pase armónicamente a través de ti. La impresión y la expresión deben ser iguales, quiere decir, que tus pensamientos y tus acciones, deben estar en armonía. Debes ser coherente con lo que piensas y haces. Cuerpo, mente y espíritu, deben encontrar una coherencia sobre la idea que deseas manifestar. Así, la vida fluirá, encontrarás, que la vida es fácil.

Cuando los 3 componentes de tu ser, están en desacuerdo, crearás enfermedades en tu cuerpo mental que después se reflejan en tu cuerpo físico. Si tu mente es errónea, tu cuerpo se enferma. Cada órgano del cuerpo enfermo, es la manifestación precisa de un pensamiento erróneo. Cada órgano está directamente relacionado a una reacción emocional del pensamiento, si por ejemplo estás enfermo de una rodilla, quiere decir que te hace falta ser más flexible puesto que la rodilla es un órgano que articula. Si quieres encontrar el origen de una enfermedad, es necesario buscar la causa metafísica que la creó, para así sanar desde su raíz, ella proviene de un pensamiento sostenido por mucho tiempo, y él a su vez ha creado la emoción negativa reflejada en el campo vibratorio. Por ello es que en el campo áurico sabemos con anticipación una enfermedad que se va a manifestar, primero se produce al nivel cuántico y luego pasa al cuerpo físico.

Pregúntate ¿cuál es la idea, cuales los pensamientos que están llenando tu espíritu? Obsérvate, piensa que cada pensamiento sobre tus finanzas, tu familia, tu trabajo, es una expresión de la mente falsa del ego, expresándose en todas las facetas de tu vida. Nos autodestruimos nutriendo la mente de negativismo. Cuando entramos en ira, temor, miedo, celos, envidia, venganza, creamos un patrón destructivo. Esas son fuerzas que influyen en nuestro subconsciente. Como están cargadas de una alta emotividad, quedan grabadas en el cuerpo y nos hacen mucho daño. Pero lo peor, es que entre más alimentas a tu mente de esas emociones, ellas se producen cada vez más seguido; esa es la ley. Ellas se alimentan de ellas mismas, las emociones, se reproducen en círculo infinito. Si las dejas sin control, esas manifestaciones en tu vida serán cada vez más repetitivas, porque ellas se reproducen desde la emoción inicial. Entre más celos alimentas, aparecerán más y más ocasiones para sentir celos. Estas emociones grabadas en tu mente subconsciente se materializan en tu realidad. Imagínate que tu emoción es una rueda que se mueve por la emoción que tú le das, como es un círculo, ella creará más de lo mismo.

Imagínate un círculo de energía en movimiento cuya corriente eléctrica es la emoción, creada del pensamiento. Como el pensamiento es energía en movimiento, si está enchufada a la negatividad, producirá más de su alimento. Enviará al consciente a producir acontecimientos en tu vida de celos. Tú no has nacido con esas actitudes, eres perfecto, encuentra un mantra, una frase, que contrarreste, el pensamiento negativo y eliminas todo lo negativo que has almacenado. Utiliza una dieta mental positiva intensa cada día. Recuérdate que eres un ser perfecto, completo, y sano. A medida que avances con estas frases la mente errónea queda sin recursos energéticos para existir. Enfoca tu pensamiento, en un mantra (mantra es una palabra sánscrita, tiene como objetivo relajar e inducir a un estado de meditación en quien canta o escucha. La palabra está conformada por 2 expresiones "mantra" que significa "mente" y "tra" que expresa "liberación".

En la meditación, el mantra es una combinación de sonidos de palabras, sílabas o grupo de ellas que liberan la mente de lo material o de la experiencia mundana. Asimismo, el término mantra identifica al conjunto de versos y prosas que son consideradas como una oración que sirven para alabar a los dioses.
La palabra mantra se utiliza en la civilización hindú y budista. Los mantras funcionan a través de la repetición constante de oración y sonidos en voz alta e internamente y, de esta manera se logran desechar los pensamientos para concentrarnos en la meditación y alcanzar la sanación y el desarrollo espiritual.)

Crea tus mantras, así se va a liberar el espíritu / mente, del negativismo. Hará oposición directa al origen del sufrimiento que es otro pensamiento. Asegúrate que todo tu enfoque mental tanto verbal como imaginario esté basado en ello. Toma conciencia desde este momento, que tu consciente, o sea el creador material de tu vida, alimenta a tu subconsciente y viceversa. Toma conciencia de ello, tu vida depende del pensamiento creador, tus experiencias son la forma de tus pensamientos. Esa es la expresión material que ves ante tus ojos. Tu subconsciente reproduce tu forma habitual de pensar.

Aquí escribiré algunos de los mantras más poderosos que he encontrado, son afirmaciones generales puesto que el inconsciente no recibe órdenes, y lo que necesitas es armonizar tu mundo mental, espiritual y material.

Afirmación 1:

"Todo está bien"

Piensa en esto siempre, utiliza la dieta mental con este poderoso mantra, hasta el cansancio, hasta que te convenzas de que todo está bien. Piensa en esto 300 veces al día, es imperativo, no es sólo una frase, es una verdad divina. Así vas a activar la serpiente de luz y se va alimentar de su propia energía, la rueda gira y se alimenta de sí misma, todo está bien, todo está bien, alimenta tu realidad de esto, verás extraordinarios resultados en tu vida. Lo he practicado desde que lo conocí y veo mágicamente cómo las cosas se ponen en su lugar. Su energía es tan poderosa, que transforma cualquier situación en milagro.

Los problemas se resuelven de la mejor manera. El mantra, como lo dice su significado, libera tu mente. Libera la situación.

Afirma siempre que la presencia curativa del mantra pasa a través de ti.

Afirmación 2:

"Estoy en armonía, me siento en armonía, vivo en armonía, a través de mi fluye armonía"

Esta afirmación, te conecta directo a la fuente de toda creación, que es *"vibración y emoción". Todo cuanto existe vibra ya sea en armonía o desarmonía.*

Si tu mente vibra en armonía, creará armonía en tu vida, piensa en esto: si piensas, crees, te convences, que estás en armonía, pues imagina cómo será la manifestación de este pensamiento. Estás, entregando al universo tu deseo de armonía. Con esta afirmación manifesté $ 25.000 dólares en una semana. Porque su texto es claro, y lo que busca el alma es estar en armonía en todos los planos de existencia, una vez la conciencia lo acepta, tu manifestación creara armonía en tu vida.

Afirmación 3

"Gracias"

Siente gratitud, por todo.se trata de permanecer en una actitud de gratitud ante la vida. Solemos creer que suceden cosas malas, porque no son como esperamos. Pero cada persona y acontecimiento son un maestro. Agradece, cada encuentro, cada oportunidad, cada cosa que tienes, a quienes te acompañan en esta vida, agradece todo, el agradecimiento, crea más cosas por las cuales agradecer. Lo primero que hago cada mañana cuando despierto, es agradecer, dá gracias por esa cama caliente, gracias por el día maravilloso que empieza, gracias por el apoyo de quienes te aman, en fin, tantas cosas por las que agradecer...

Afirmación 4

"Yo sé"

Afirmando, Yo Sé, creas la sensación de certeza, sólo sabiendo sabrás o sea tendrás, serás, si dices que no sabes, creas la duda. Si sabes creas desde la certeza, ahora cada vez que quieras hacer una afirmación di "yo sé" necesitas edificar la fe mental y emocional de la certeza para manifestar. Si dices firmemente "Desde el señor Dios de mi ser, ahora sé la respuesta de eso y estoy listo para recibirla, que así sea", esto hace que tu saber interior lo resuelva. Aunque la manifestación no aparezca al momento, la puerta permanece abierta. Tu ser se ajusta para convertirse en aquello que sabes, no tienes que luchar por eso, simplemente saber. Cuando sabes estás en un estado receptivo para tener la conciencia de ello. ¿Cómo aceleras la manifestación de tus deseos? Sabiendo. El saber es la puerta que permite que el reino de los cielos despliegue su abundancia dentro del reino del yo. Saber que un deseo, cualquiera que este sea, ya ha sido realizado, amplifica el pensamiento de tu deseo, hasta manifestarlo en tu experiencia. La verdad es que Todas las cosas ya son tuyas. Quieres algo en tu vida, ahora sabes que es tuyo.

Yo sé que soy abundante

Yo sé que ahora estoy sana

Yo sé que mi pareja ideal vendrá a mí

Yo sé que hay un empleo maravilloso para mí

Yo ahora sé

Yo soy completo

Yo soy absoluto

Yo soy Dios

Afirmación 5:

"Yo soy todas las cosas de este mundo"

Esta afirmación termina con la separación entre lo que somos y deseamos creada por el ego, puesto que ya somos todo lo que deseamos. La separación sólo existe a nivel mental, tener el deseo es comprender que lo único que te separa de tu deseo es un pensamiento, el de saber que eres todo lo que existe, si así lo quieres. También es reconocer que nada es demasiado para ti, que nada es imposible de manifestar, si tú eres todas las cosas quiere decir que ellas ya son parte de ti. Debes entender que el principal dador de todo lo que necesitas eres tú y tu capacidad de recibir todo lo que quieres. Simplemente en este momento no te has dado cuenta de esta verdad, la separación te hace creer que tu deseo está fuera de ti y debes ir a buscarlo, el reino de Dios está dentro de ti, no busques afuera allí no hallarás nada, puesto que la luz nace de ti. Sólo la conciencia de la vida puede crear, tú eres la única criatura de la tierra que manifiesta la vida con conciencia de ser. Si bien "yo soy todas las cosas de este mundo" nada está separado de mí, más aún cuando se trata de brindarse un gran amor a través de la abundancia.

Afirmación 6:

"El amor es intemporal, me acojo al amor eterno, mi única verdad es el amor por mi"

El amor es intemporal, me acojo al amor eterno que siempre ha estado ahí esperando que yo lo acepte, puesto que sólo soy amor, amor ilimitado es lo que me ofrezco, yo soy amor, yo soy todas las cosas del mundo. Una manifestación es un estado de conciencia de que somos amor, la manifestación no tiene línea de tiempo sino solamente comprensión, conciencia de ser, despertar de la mente a una verdad elevada que somos todo lo que deseamos, en eso radica un milagro, en el aprendizaje de la conciencia que no estamos separados de nada si en realidad lo somos todo. La separación la crea el ego y utiliza tu cuerpo para valerse del sentimiento de miedo, te confunde con las dudas, el ego es todo el contrario a la verdad del reino, en todo lo que te niegues, dudes, sientas miedo o creas que el tiempo es quien lo decide descubres la acción del ego. Al contrario, el amor es eterno y siempre ha estado dentro de ti, acoge el amor para comprender que el tiempo es una falsa premisa, el amor no necesita del tiempo para existir. Es un estado del ser jamás definido por el tiempo. ¿Acaso no sientes amor independiente del tiempo? ¿O el reloj te marca las horas en las que tienes derecho a sentir amor? Manifestar es un estado de conciencia del amor que nos queremos ofrecer. Es ilimitado, nada determina cuánta cantidad de amor te das. Cuando amas realmente el amor es ilimitado, en ti para ti es igual, sin límite, esto te ayuda a comprender dónde está la definición de mente ilimitada porque lo único que determina lo que tienes o quieres ser es el amor. Utilicemos otra vez la frase "pide y se te dará" la traducción sería: ¡cuánto amor te ofreces y yo te lo daré! Cuando sientas y dudes del cuándo será tu manifestación o qué debes esperar aún, repite esta frase en tu mente "el amor es intemporal, el amor es eterno, la única verdad es el amor"

Afirmación 7:

"Lo invisible lo hago visible con mi pensamiento"

El reino invisible se hace visible cuando lo traes con la convicción de que él está ahí disponible, él se vuelve del estado energético al estado material a través del saber, Si declaras que tú sabes él está listo, si piensas que no está pues no está, así de poderoso es el pensamiento creador, tu mente es el cimiento de la existencia de cualquier cosa. Ella le da forma, realidad, creación, sustancia. La interferencia viene del ego. Y si tienes una emoción negativa, pide al fuego eterno que está dentro de ti, que lo absorba y lo transmute en verdad. El ego tampoco tiene la fuerza de resistirse a la verdad del amor. Tú eres el emisor de la luz, de la magnífica sustancia que crea la materia.

Afirmación 8:

"Yo sé que la manifestación de mi riqueza es inminente"

"Yo sé que la solución a este problema viene de manera inminente"

"Yo sé que el amor verdadero llega de manera inminente"

Esta afirmación puedes usarla cuando la situación sea apremiante, sólo tú tienes el poder de decidir cuándo se manifiesta tu deseo. La conciencia de Dios es puro amor y él hará lo que tú creas. Dios, no juzga si el tiempo es suficiente eso lo haces tú con tu conciencia de ser. El bien infinito no conoce demoras, ni sufrimientos, ni retrasos, el funciona en completa armonía con la vida. Y si tú tomas la decisión de manifestarlo de manera inminente así será. Tú eres Dios - hombre, el creador puesto que Dios está en tu conciencia él no puede negar tu deseo. Así es como él nos entrega su amor, dejando que nosotros utilicemos el libre albedrío. Tú te eliges, no puedes esperar que alguien lo haga porque el alguien no existe, sólo tú te eliges, si prefieres esperar es decirle al universo jamás será el primer lugar porque yo no importo. Que cualquier cosa, persona, acontecimiento decida en mi nombre y por mi vida. Yo soy la hoja que se la lleva el viento para donde el viento decida. Eso significa "Que sea lo que Dios quiera", allá afuera no hay nadie, y Dios está dentro de tu pensamiento amoroso.

Afirmación 9:

"AQUÍ"

Esta afirmación es en sí un gran poder de manifestación, revela la naturaleza de que un deseo ya está disponible en un espacio tiempo indefinido, ella no solo anula la falsa noción de que los deseos están en el futuro sino que además centra tu atención en el presente, y la ilusión del espacio tiempo queda anulada. Con los descubrimientos del Dr. Hameroff en la explicación de los fenómenos físicos en cuanto a las partículas (materia), ellas pueden estar en dos lugares o estados al mismo tiempo, pueden no solo estar aquí o allá sino que pueden estar aquí y allá simultáneamente. Eso es lo que se llama en física cuántica superposición, las cosas pueden estar en lugares múltiples o actuar como ondas, difundidas como probabilidades más que ser partículas definidas con ubicaciones o trayectorias. Algunos físicos cuánticos dicen que cuando un sistema cuántico no es observado o medido permanece en superposición de múltiples posibilidades, múltiples estados coexistentes. Lo que quiere decir es que la materia (objeto de deseo) ya está aquí y allá, carece de un espacio tiempo porque se encuentra simultáneamente en ambos lugares y lo único conocido es el aquí. Afirma en tu mente "Aquí"

Afirmacion 10:

"Yo soy lo que deseo ser"

Esta afirmacion, te aporta la verdad, que ya eres todo lo que deseas ya que la semilla esta en ti, todo proviene de tu ser y se manifiesta en el exterior pero desde tu ser, una vez crees, y te convences de esta realidad sacas de ti aquello que deseas ser.

CAPÍTULO 12

SEXTO PODER: ACEPTAR

Función: Dejar que el poder superior actúe y tomar accion

El sexto poder es la entrega al bien superior, a la fuente, al universo, a Dios. Ya en este punto no te queda más que confiar y actuar desde la fe. Después de hacer los 5 primeros poderes, una vez has sentido a través de la emoción la certeza que tu deseo ya está hecho, viene el sexto poder que es la rendición, la aceptación de lo que es. Este aspecto tiene dos vertientes 1. Recibes una clara señal de cuál es la acción que vas a emprender para lograr tu objetivo o 2. El deseo se manifiesta de manera automática.   Llegado aquí, has logrado liberar tus pensamientos de la mente falsa y emociones de la rueda del karma. Por ende tu deseo está ya condensando en la materia y no te resta más que aceptarlo y rendirte ante tu propia creación. Llegada la "emoción", tu intuición que es un proceso no lineal de respuesta sabrá la acción a tomar, La intuición, no procede por etapas "lógicas". La intuición no razona y además no necesita razonar. Ella simplemente SABE

Es necesario que liberes el recipiente donde se ha creado tu deseo, aceptándolo y dejándolo ir. Es como si tuvieras un espacio con energía libre y necesitas que ese espacio se libere con el fin de que la energía se convierta en masa. Te apartas de las emociones, pensamientos, afirmaciones, ahora sabes que debes hacer y la tarea es ejecutar. O el otro caso recibir. Lo importante aquí es dejar el espacio libre, lo dejas ir, así él se hará manifiesto. Dejarlo ir, ya no te ocupas más de crear ni atraer, es el momento de soltar para vaciar el recipiente para convertir la materia energética en masa. Solo fluye con la confianza de que ha sido creado y toma la acción necesaria. Te sostienes en el saber, pones tu mente en el corazón sintiéndolo hecho, se trata de la entrega en la realidad.

¿Qué es la emoción en la creación?

El universo es un entramado de energía, filamentos de luz que vibran en pura emoción. Imagínense una malla de hilos de pura energía entrelazados entre sí; infinidad de conexiones brillantes que suben y bajan de intensidad según la emoción de quien las manifiesta. Todo lo que ven tus ojos son eso, pura energía en vibraciones diferentes, son partículas subatómicas, tus manos, tu vecino, la mesa, la calle todo es sólo energía.

Primero: la emoción es la substancia primordial para manifestar cualquier deseo.

Segundo: el canal directo de comunicación entre la fuente de todo poder y tú, se hace por medio de la emoción.

Tercero: la emoción es vibración y puesto que el universo es luz y vibración, tu emoción es la fuente de todo poder.

Cuarto: Auto-proclamarse merecedor y digno, son el principio y el fin del milagro.

Quinto: nada más grande que el amor propio para manifestar el sueño de la cima más alta.

Sexto: tu emoción respecto a tu deseo te sitúa en el tiempo de la manifestación, ¿qué tanto te amas? ¿Qué tan digno eres? ¿Qué tanto crees ser merecedor? Si ya lo eres vendrá inevitablemente, como el sol sale cada mañana, es ley.

El mayor poder magnético está en el corazón, investigaciones científicas han revelado que el corazón humano posee una mente cuántica, creemos que el corazón sólo tiene una función biológica en el cuerpo, pero después de las numerosas investigaciones sabemos que el corazón, es nuestra conciencia superior. El corazón es capaz de mostrar la verdad frente a un hecho determinado por el cómo nos sentimos. De hecho el corazón tiene neuronas similares a las del cerebro. El corazón y el cerebro están interconectados creando un todo emocional, el cerebro no es la única fuente de emociones, el cerebro y el corazón trabajan juntos en la producción de emociones. De acuerdo a las investigaciones el campo electromagnético que proyecta el corazón puede llegar a una distancia hasta de 5 metros. El cerebro también emite un campo electromagnético pero mucho más pequeño. Este hecho es de vital importancia, ya que es el corazón el mayor emisor de vibraciones sobre el campo cuántico. La información y la energía se transmiten a través del campo electromagnético toroidal emitido por el corazón. Esta energía es enviada al ADN, y las células y después a todos los sistemas del cuerpo físico y al cuerpo energético. El corazón también transmite información al lóbulo frontal del cerebro con una anticipación de 4,5 seg. El corazón puede anticiparse antes del cerebro sobre lo que va a pasar y de él depende toda la armonía en tu vida.

Como el corazón está en simbiosis con el cerebro, el hecho de pensar desde el corazón, transmitimos emociones armónicas al campo cuántico. Porque precisamente, la fuente de manifestación debe estar en un todo armónico. Pensando desde el corazón, establecemos la conexión con nuestra conciencia superior con el objetivo de encontrar una coherencia entre lo que piensa la mente y el corazón. Si queremos manifestar no podemos permitirnos tener emociones caóticas e incoherentes. Ya que la fuente toma esto como un corto circuito entre lo que deseamos y lo que pensamos. El mensaje transmitido, no será claro y no produce ningún efecto O producirá un efecto caótico.

El corazón debe experimentar emociones armónicas y coherentes, pues su campo electromagnético afecta directamente al ADN, las células, y el campo cuántico. Por esto es necesario hacer el esfuerzo de practicar una dieta mental, de agradecimiento y armonía en nuestra vida. Pensar desde el corazón, sintiéndose en armonía, afirmando estoy en armonía, soy armonía, mi mundo es armónico, modifica, inmediatamente el campo cuántico de la manifestación. El fin es comunicarnos desde una conciencia superior resonando en alta vibración. Las vibraciones emitidas del corazón, son las más poderosas, ellas no tienen límites de tiempo y espacio, por ello, la capacidad de manifestar se encuentra en las emociones que somos capaces de emitir. El tiempo de una manifestación está directamente relacionado a nuestra capacidad de entrar en armonía con todo lo que es. Quiero decir, sentirse en armonía con el presente, ya que el presente es perfecto.

Sabemos que todo en el universo está interconectado, en un todo armónico y coherente. Es aquí, donde la punta de la pirámide que es la oración, hace su efecto. Sí necesitamos armonía y coherencia para manifestar. Debemos transmitir esa información, al campo cuántico, a las células, a los átomos y a la mente consciente y subconsciente. Coherencia, implica orden, armonía, y alineación con el todo. Nuestra mente superior (corazón) y nuestra mente subconsciente, son las dos fuentes responsables de emitir la energía necesaria para modificar la energía libre en materia. Todos nos hemos sentido en armonía alguna vez en nuestra vida, cuando nos sentimos así, tenemos una conciencia de conexión con la verdad de la vida. Nuestras emociones son positivas y proactivas. Sentimos que la vida fluye sin esfuerzo, porque justamente la energía de la armonía está alineada y en orden divino.

El hecho que para la ciencia cuántica, todo es energía, que la materia no existe en sí, sino es energía de baja densidad, esperando ser modificada por el observador (nuestra mente). Nos posiciona en el centro de todo poder. El científico ruso que estudió el genoma humano, afirma que el ADN, no sólo produce proteínas, sino que es un sistema cuántico macroscópico que se regenera. Con el estudio del genoma humano se descubrió que nosotros no somos "víctimas" sino "amos" de nuestros genes, lo que dio nombre a una nueva rama científica llamada Epigenética, que ha sacudido los cimientos de la biología y la medicina. Con este descubrimiento se da un vuelco a la versión convencional de la "herencia genética" que se suponía irremediable. Con esta nueva luz, se revelan los mecanismos que los genes no controlan la vida, sino que la vida está controlada por "algo" por encima de los genes, algo como una inteligencia, conciencia o un poder superior. Con esto se valida la idea de que nuestro cuerpo tiene inteligencia en cada una de sus células, y podemos entablar un diálogo con él para modificar sus respuestas físicas y para curar enfermedades.

Ya es un hecho científico que existen receptores inteligentes, llamados en un principio "neuropéptidos", en todas las células del cuerpo y no sólo en las cerebrales. Poco tiempo después al observar las células del sistema inmunológico que son las que nos protegen de las infecciones y del cáncer, encontraron estos mismos receptores, de lo que puede deducirse que las células del sistema inmunológico también reciben información con cada pensamiento, emoción o deseo que tenemos. Fue una sorpresa descubrir que las pequeñas células T y B del sistema de defensas, produce las mismas sustancias químicas que el cerebro al pensar. Es decir, las células inmunológicas también tienen la capacidad de pensar.

Sistema digestivo: Las células nerviosas que forman un fino sistema a lo largo del sistema digestivo, comenzando por el estómago hasta el intestino, también son capaces de reaccionar ante los sucesos externos, ya sea un peligro inminente, un disgusto, un comentario amargo, cualquier situación que nos haga entrar en "estrés" se verá reflejada en las células del sistema nervioso digestivo y por tanto, se explica por qué se produce una diarrea ante un susto o emoción fuerte, se quita el apetito ante una mala noticia o se trastorna la digestión si hay un disgusto durante la comida.

Las células del colon, hígado y estómago también piensan, sólo que no con el lenguaje verbal del cerebro. Lo que llamamos "reacción visceral" es apenas un indicio de la compleja inteligencia de estos miles de millones de células.

Con estos descubrimientos, los científicos han accedido a una dimensión oculta que nadie sospechaba: las células nos han superado en inteligencia durante millones de años.

Hasta ahora, se creía que la conciencia tenía su residencia en el cerebro, pero con estos descubrimientos se ha llegado a concluir que el cerebro y el corazón actúan en conjunto. Es decir, las células nerviosas del corazón actúan como cerebro o inteligencia, donde se recibe y se procesa información. Este sistema lo capacita para aprender, recordar y realizar decisiones funcionales independientes de la corteza cerebral. Ahora se sabe que el corazón transmite información al cerebro y viceversa a través de campos eléctricos.

El corazón genera el más poderoso y más extenso campo eléctrico del cuerpo. Comparado con el producido por el cerebro, el componente eléctrico del campo del corazón es algo así como 60 veces más grande en amplitud, y penetra a cada célula del cuerpo. El componente magnético es aproximadamente cinco mil veces más fuerte que el campo magnético del cerebro y puede ser detectado en un amplio campo fuera del cuerpo con magnetómetros sensibles.

No en vano los humanos nos hemos guiado en muchas ocasiones por las "corazonadas" para tomar decisiones o presentir cuando algo no va bien del todo. Ahora ya sabemos que estos impulsos tienen su razón de ser.

Lo más importante de estos descubrimientos, es que el estado de ánimo, el estrés o los pensamientos negativos, son capaces de afectarnos seriamente la salud y tendremos que buscar a toda costa modificar todos aquellos factores a nuestro alcance que nos ayuden a que nuestro cuerpo reciba más mensajes de paz, tranquilidad y armonía en aras de conservar la salud.

De acuerdo a esto los científicos Roger Penrose y el Doctor Stuart Hameroff, establecen que la conciencia no surge de la complejidad neuronal, sino que la conciencia es todo lo que hay, y se asienta en todas las células del cuerpo. Los dos científicos descubrieron que en nuestras células se asienta la conciencia de forma cuántica. Así que todas las células de nuestro cuerpo piensan, y también las que están en el campo bioenergético. El alma está en todo el cuerpo, en el campo bioenergético, y a su vez el campo bioenergético está entrelazado con el vacío cuántico es decir con la conciencia absoluta, a lo que llamaron Teoría cuántica de la conciencia.

Una vez comprendemos que tener una conciencia de armonía con todo lo que es, nos conlleva a elevar nuestro nivel de frecuencia sobre un tono más alto en la escala del amor. Si afirmamos nuestros pensamientos en que nos encontramos en armonía, vamos a sentir la fluidez en el campo electromagnético emitido desde el corazón. Una oración poderosa que podemos utilizar con este fin es, "soy armonía, mis células están en armonía, mi mente consciente y subconsciente están armonía divina con la fuente de todo poder". Puedes a través de afirmaciones o la oración cuando nos levantamos en la mañana, transformar el campo mental de manera que la energía cuántica cambie. Cuando afirmas tu ser en armonía, la energía está tomando su lugar en un nuevo orden, determinan la calidad que le están atribuyendo a la energía sin forma. Está inmediatamente es recibida en tus células, átomos, ADN, modificando su componente vibratorio. El poder creativo construirá un nuevo orden armónico, y cómo este campo es la conciencia de Dios, él sabe cuál es la forma más armónica que te corresponde en tu vida, y eso será lo que manifestaras. Tú estás en unidad con la conciencia universal, y ella a su vez, está entrelazada con tu cuerpo, son un componente armónico vibrando en un solo ser. El pensamiento es creación en acción, y siempre tomará una forma material, sea buena o mala, esa es la ley.

Afirma: "Todo lo que es, es ahora ordenado en armonía con mi ser divino, dejó a la conciencia universal que lo haga por mí, mis células, átomos, ADN, mente consciente y subconsciente están en armonía con la más alta expresión del yo". Por lo tanto ya que lo divino es inmutable, esta orden será operada desde ese estado de conciencia. Tú ordenas a la mente universal cuál debe ser el orden de tu mundo. Desde el centro de creación divina que es tu mente, podrías reconocer que eres la sustancia armónica en proceso de modificar la materia a través de tu poder mental.

Séptimo: cuando sientes felicidad respecto a algo, ¡ahí estás en la verdad! La felicidad y el amor por ti, son la sustancia con la que el universo manifiesta tu deseo.

Octavo: ¿alguien más que tu propia mente te niega tus sueños? El universo entero está contigo, te bendice, te da lo que pidas, ¡solo tú te lo niegas!

Rendirse es la última llave de la manifestación, aceptar el momento presente de lo que es, es fluir con la vida, es ubicarse en el continuo devenir de la vida, sin resistencia. Cuando puedas observar, cómo se sienten nuestras emociones respecto a los diferentes aspectos de la vida, como son el dinero, la salud, las relaciones, verás que a lo que resistes persiste. Al entregarse dejas actuar a la conciencia de tu ser por tí, te apartas para que aquello que deseas se manifieste ya que resistir es negar, Aceptar es fluir, avanzar, florecer.

Para el universo decir No, es decir quiero más de lo mismo. La aceptación de lo que es, te lleva a un estado de avance, te sientes en un estado de entrega tranquilo. Cuando dejas de resistirte, tu mente entra en armonía, el pensamiento compulsivo se reduce y te abre a la conciencia de la verdad. Porque has dejado de oponerte. Se trata de permitir que el momento presente se exprese tal como es, rendirse y aceptar el momento presente, no quiere decir que te hayas rendido frente a una situación que no puedes aceptar porque es negativa, sino que creas la oportunidad del cambio.

La rendición llega cuando dejas esa mente neurótica, que te dice: "Por qué a mí? ¿Por qué no puedo salir de esta situación? Porque no soy aquello que quisiera ser. Yo soy el único que puede hacerlo, si en verdad existen los poderes del mundo espiritual que harán las cosas por ti, si ya has llegado aquí es porque lo has hecho todo desde la acción interior, ahora ríndete y deja que tu deseo se materialice. Apártate del camino del que posee el poder, aunque no es exacto lo que te digo ya que tú eres el poder; ha llegado el momento de dejarlo ir, soltar para prepararse a recibir.

La aceptación, te sintoniza a un cambio consciente, y la inteligencia superior toma su lugar porque tú te has quitado del camino. Y estás dejando que la mente superior opere en tu lugar. Sólo observa el presente, sin juzgar y el sentido del yo entrará en una mente divina de aceptación de lo que es.

Lo que determina tu futuro es la calidad de tus pensamientos hoy, así que rendirte es lo más positivo que puedes hacer para atraer y dejar actuar a la mente universal.

Rendirse puedes creer que es fracaso, tolerar pasivamente una situación intolerante. Pero no, rendirse es la profunda sabiduría del ser a dejar fluir, en lugar de oponerse al flujo de la vida. Puesto que en el único lugar que puedes experimentar el flujo de la vida es en la aceptación del momento presente. La verdadera rendición, es observar sin juzgar el momento presente. Simplemente él es. Renuncias a condicionar el presente, e íntegras en ti sin condición la vida misma. La resistencia interior es decir no a lo que es, entonces, para el universo es, sí dame más de lo mismo. Porque no es un Sí, cuando está integrado a la negación de lo que es.

Cuando las cosas van mal, y niegas y dices no quiero más esto, sigues afirmando su condición, y la condición se sigue manifestando sin cambio. Eso es lo que hace la negación y la resistencia, te magnetiza tus pensamientos tal como los manifiestas y la fuente es un reproductor instantáneo.

Precisamente cuando las cosas no son como tú quieres, es ahí cuando debes abandonarte a la aceptación de lo que es, sin resistencia. Así, estás dejando que la vida fluya y la mente llamada Dios actúe por el más alto bien posible para todos.

Un ejemplo del poder de la rendición en la manifestación, fue cuando después de buscar una solución a un gran problema de financiación que tuve en un proyecto inmobiliario que me llevaría directamente a la quiebra y quedar con una gran deuda. Fue el hecho de rendirme total y sin condición unida con la oración, logre manifestar 2,5 millones de dólares.

Cuando sabes que lo has hecho todo, y que ya no tienes más caminos, es en ese momento cuando utilizas el poder de rendirte para manifestar un milagro. Dejas la resistencia, y te entregas a lo que es. Entregarse a la vida, es devenir uno con ella, y ahí empiezas a fluir con la verdad.

La aceptación de lo que es te libera de la identificación con la mente y te conecta con el ser, la resistencia es la mente del simio, opinando, y juzgando. Pero cuando te rindes no quiere decir que dejas de actuar para cambiar una situación, ya que rendirse es un estado de conciencia, más no una parálisis de la acción. Lo que estás aceptando es el ahora, mas no la situación. No hay que confundir la resignación con la rendición.

Lo que significa es que abandonas los juicios mentales frente al ahora, abandonas el estado mental negativo por la observación del presente sin juicio. Aceptas que este momento ya es como es. Si has tomado el camino de los 7 poderes, llegado aquí quiere decir que habrás pasado por la oración, o sea que se restableció el orden sobre una verdad más cercana al verdadero amor. Cuando actúas desde la negación del presente, tu emoción frente a la situación no ha cambiado, entonces, el resultado, muy seguramente seguirá siendo negativo. Porque estás respondiendo desde un estado de conciencia de resistencia. Es desde tu estado mental de respuesta que recibes un feedback del universo. Aquí la pregunta es: ¿Desde qué estado mental estoy respondiendo a esta situación? Con esta pregunta sabrás el resultado.

El objetivo primordial de la rendición y la aceptación es encontrar un estado de paz. La paz es precisamente la entrega a la conciencia del bien mayor disponible siempre.

Una actitud muy poderosa para parar la resistencia del ahora, para tener una maravillosa experiencia de vida ahora, sería decirnos que donde me encuentro es perfecto y está evolucionando para mí, porque estoy feliz ahora, creer que lo que quiero puede ser desde aquí, crear desde mi perspectiva de mente creadora me hace saber que aquí está todo lo que necesito. Continuar definiendo lo que quieres, te activa en la energía de la creación incesante, siempre vas hacia adelante. Y creer que es posible ahora, te impulsa hacia su manifestación. Si permanezco en esta creencia, los caminos se abrirán y la evidencia de los pasos a seguir será inevitable, simplemente desde tu creencia las puertas empiezan aparecer una tras otra. El universo orquesta a tu favor siempre que lo creas. Cuando haces las paces con lo que es, lo que es te mostrará los componentes para seguir avanzando sobre lo que quieres. Estás activando una nueva vibración de aceptación y avance. Tú puedes hacer de tu mundo con la creencia que lo que es, es lo correcto, estarás creando un camino hacia un estado vibratorio para manifestar un cambio positivo en tu vida, porque empiezas a fluir con la vida, pero es tu preocupación de que las cosas están mal, lo que te bloquea y te detiene. Si tomaras conciencia de lo que te preocupa y lo transformas en aceptación de lo que es, cambias inmediatamente tu estado vibratorio para manifestar otra cosa en tu realidad inmediata. Recuerda que la matriz divina se comunica por vibraciones de pensamiento y emoción, tus emociones definen tus manifestaciones, desde ellas se crea el escenario de tu vida. Pregúntate: ¿cuál es tu emoción respecto a lo que deseas?

¡Abandona la duda de sentir que el presente está mal! La negación y la duda te detienen en ese presente que no deseas. Desactiva la negación y abraza el ahora tal como se presenta, entrarás en el estado receptivo de recibir algo nuevo. Si puedes tomar la emoción de saber que todo está bien y ser persistente en ello, tu presente se transforma sin condición. La energía fluye a través de lo que crees, porque la emoción transforma la vibración de la fuente que materializa todo, tu atención consciente sobre las cosas siempre están funcionando para ti, tiene que haber siempre un lugar donde se empieza, un paso 1 para llegar al paso

2 entonces, no se condena el lugar en donde te encuentras, él ahora es una parte correcta del proceso de creación.

Los trucos de la mente para no aceptar el presente

Algunas personas nunca están contentas de estar donde están, jamás encuentran satisfacción de su vida, reconoce el miedo en esto, obsérvalo, pon tu atención en él, permanece presente en él, hacer esto corta el miedo entre él y tu pensamiento. No permitas que el miedo surja en tu mente, recuerda que él viene de la mente del error y del yo falso. Usa el poder del ahora, observa...si no puedes cambiar la situación, suelta el miedo al presente soltando cualquier resistencia interior, el yo falso no podrá resistir, él adora sentirse infeliz y sin poder de cambiar el presente. Su máxima es compadecerse de sí mismo, y sentirse desgraciado. Si tomas la rendición, estás tomando el camino de la fortaleza espiritual. Una persona que se rinde encuentra fortaleza en la fe. Te harás libre interiormente de la situación y descubrirás que la situación cambia sin ningún esfuerzo de tu parte. Encuentras la verdadera fuerza espiritual que es la confianza en lo que es. Te centras en el presente y tu mente encontrará la salida para salir del estado actual, aceptar es reconocer. La mayor fuente de desdicha es querer estar allá, pero sigues en el aquí, tu mente puesta en el futuro crea más estrés, porque lo que quieres es estar allá y no aquí. El truco es saber que el allá y el aquí son lo mismo, porque es una imagen mental proyectada a un espacio tiempo superpuesto y no lineal, pero desde una emoción de carencia y descontento. Y como la emoción es manifestación, tu futuro nunca lo verás aquí manifestado mientras tu vibración emocional esté puesta en el futuro. Debes saber que tu emoción de lo que deseas sólo se manifiesta en el ahora.

Él ahora tiene el poder de manifestar, el futuro No. Aceptar el presente cierra la brecha del espacio tiempo entre lo que deseas y lo que se manifiesta. Con el pensamiento de que todo está bien ahora, encuentras el pensamiento que te ubica en el ahora con la frecuencia vibratoria correcta. El patrón inconsciente que se resiste al cambio se rompe y desde el nuevo estado de rendición tus acciones son diferentes, te conectas con el estado del ser y tu hacer están en alineación, y si tu hacer está impregnado del ser, lo que hagas mejora de manera impresionante. Los resultados vendrán solos ya con la calidad de la alienación del ser y de tu hacer. Reflejan la acción proveniente de la rendición. En ese estado te enfocas de manera diferente, ya estás en otra posición de observador. Tu estado de conciencia deja de depender del exterior. Ahora si centras tu atención desde la fuente de creación que es tu propia mente, tu enfoque está en la única cosa que puedes hacer a la vez, en el ahora, las mil cosas que debes hacer pensando en el futuro las dejas a un lado y te enfocas en lo que puedes hacer que es pensar " aquí".

Puedes planear tu futuro, realizar tus intenciones y compromisos, pero el enfoque está puesto en el ahora. Fíjate en no estar pensando en el futuro dejando que el presente se te escape. Los factores negativos de tu situación actual se disolverán como por magia, una vez entres con tu presencia consciente al momento presente y lo aceptes tal y como es. No confundas la rendición con una actitud de que ya nada importa, porque esto es una respuesta proyectada desde el resentimiento. Es todo lo contrario a la rendición ya que es resistencia oculta bajo la futilidad.

Para que puedas estar seguro que tu estado es de rendición y no quede algún vestigio de resistencia, puedes utilizar la oración. Ella hará el trabajo que tú no eres consciente, tu mente subconsciente es tan poderosa, que así tú quieras aceptar la situación ella guarda pensamientos de resistencia al cambio.

Aquí te dejo una oración para restablecer la paz fin legítimo del ser.

Oración: "Estoy hecho a imagen de Dios. Por eso la paz que es la naturaleza de Dios debe hallarse también en mi corazón y dentro de mí mismo.
Nada se ha propuesto nunca estorbar esta paz. Cualquier cosa que se halle en el fondo de mi angustia no tiene lugar en el plan infinito. Me acojo a los brazos del eterno como un niño cansado a los brazos de su madre. La paz me rodea y la serenidad del eterno me envuelve.
Alma, permanece tranquila y sabe que yo soy Dios. Padre, llego silencioso a tu presencia. Ahora siento la quietud del infinito. Aunque la tormenta ruja afuera, siento interiormente tu paz. Estoy tranquilo, descansado, pasivo en tu sosegada paz".

Frederick Bailes

CAPÍTULO 13

SÉPTIMO PODER: Dios la fuente

Función: Unifica la energía para la manifestación del deseo

El Yo soy

En el centro del hexagrama se encuentra el séptimo poder, llamado el poder del Uno, Dios. Si observamos el diagrama del hexaedro, todas las energías convergen al centro que es la creación misma de lo que tú has trabajado a través de los 6 poderes anteriores. Al centro han llegado las vibraciones de tus pensamientos, la liberación de las emociones, las afirmaciones, el sentido de pertenencia y la certeza que tu deseo ya es tuyo. El poder del Uno, va ahora a enviar esas frecuencias al flujo de conciencia, el axioma hermético dice: como es adentro es afuera, y como es afuera es adentro, aquí es donde se aplica. Del centro que es tu creación, se expandirá al flujo de conciencia, para ser procesado y luego devuelto a tí en forma de experiencia. De su información depende el rebote al mismo centro que eres tú, la manifestación es circular, de tí se emanan las condiciones que salen a través de tu campo áurico, el campo electromagnético que te rodea, como el universo se comunica por medio de ondas electromagnéticas, este te será devuelto dependiendo de las frecuencias emitidas por tí, con tus pensamientos y emociones. Aquí has cumplido con el proceso de creación, tu realidad es ahora tu experiencia con el fin de que comprendas el proceso de creación y quede grabado en tí como sabiduría.

Tenemos un poder creador a través de la divina presencia Yo soy, es una fuerza que se envuelve en el poder del amor divino, de la divina presencia yo soy que nos habita, todo lo que se expresa a través de su poder se manifiesta, se materializa, se transforma. Todo cuanto deseamos, lo podemos manifestar con más rapidez si lo decretamos desde la divina presencia yo soy, la abundancia, la prosperidad, el amor, la sanación. Nada se resiste ante este poder, porque él es pura energía, es la sustancia misma del universo cuántico. Ante la fuerza de esta energía, nada es más fuerte que ella, ya que ella, es el divino poder creador. Si careces de fe, de creer en tí, de saber que tú tienes el poder transformador, invocando, tu afirmación "Desde el señor Dios de mi ser" estás revertiendo el poder pasándolo desde tu conciencia errónea del ego, en lugar de la conciencia perfecta del creador que eres. Cuando te pronuncias desde el señor Dios de tu ser, estás cometiendo una acción que se proyecta directamente a la energía de la manifestación. Sólo luz puede transformar a la luz, si recuerdas, las palabras son energía cuántica con una frecuencia de onda, su vibración está determinada por su significado, y ya que el señor Dios de tu ser es la máxima fuerza transformadora, todo lo que se afirme desde su poder se manifiesta.

Cuando te abandonas a tus pensamientos de duda, de miedo, de carencia, de impotencia, estás negando su presencia en tí. Y le quitas el poder porque sólo tú, puedes darle el poder de manifestar a través de tu creencia en que así es. Saber que es así, que tu afirmación desde la divinidad tiene el poder de transformar, te hará cada día más libre y poderoso. Sabrás que tu mente es la mente de Dios, en un lapso de aprendizaje para reconocerlo. La diferencia entre Dios y tú, sólo lo separa el saber que eres Dios. Si afirmas, yo soy, ahora que lo sabes, te estás convirtiendo en tu afirmación, entonces puedes decir: yo soy salud perfecta. Yo soy abundancia, yo soy la expresión del equilibrio. No haces otra cosa, que modificar las vibraciones de la energía cuántica hacia ello que tú afirmas, hasta que ellas por repetición y condensación se manifiestan en tí. Nada puede existir si tú no eres su creador, y si tomas en cuenta que tu eres la mismísima presencia yo soy, eres tú el máximo poder creador.

Existen poderes que tú no percibes, pero que siempre están a nuestra disposición, sólo que ellos no se activan si tu no los pides, ya que existe el libre albedrío, y eres el único responsable y autor de tu vida. Así, que la única manera de tomar el poder es invocándolo para nuestra ayuda. ¿La palabra tiene poder, y el universo recibe tus palabras de manera textual, así qué palabras vas a elegir? Ahora sabes que cada expresión y si además viene acompañada de una fuerte emoción, sin duda ella se hará realidad, esa es la ley. Resiste a la duda cuando afirmes, lo que deseas. Miedo y duda, son el opuesto a verdad y amor. Duda de tus dudas, duda de tu propio miedo, él solo proviene de una mente equivocada, ausente de luz.

No te desilusiones, no te desesperes, si todavía no ves tu deseo manifestado, esa es la ilusión del ego, para mantenerte en el mismo lugar, lo que te transformará de una vez por todas será creer, creer en tus palabras, si sabes, obtienes, si crees obtienes, si te mantienes, manifiestas. En tu mente, está la conciencia divina y la mente egótica, las dos cohabitan la misma casa, ¿pero sólo tú decides a quién escuchas? La que te hace dudar, la que te hace creer que no eres lo que dices, la que te hace sentir miedo es tu egótica, la mente que permanece en la oscuridad. Pero si tú insistes, en creer estás dándole luz, estas entrando en estado iluminado, porque ahora sabes que sí eres lo que afirmas. Cada vez que crees o sabes, das más luz a tu mente, y así cada día, tu mente comienza transmutar la oscuridad en luz, quiere decir que estás recuperando tu poder innato de manifestar todo deseo.

Tu atención, es la clave, sobre lo que pones tu atención se manifiesta, se crea, se transforma, tu atención lo es todo. Decreta: yo soy la poderosa creencia, yo soy abundancia plena. Pero, si después de esta afirmación, te preocupas porque crees que no serás capaz de conseguir el dinero que necesitas, no estás siendo consecuente con la atención dirigida. Así es como se anula el decreto y así es como jamás se manifiesta. Quédate en la afirmación de lo que desees. No te distraigas de ella, sólo ella existe. Jesús dijo: no podéis servirles a dos maestros. O le sirves a tu mente divina o le sirves a tu mente egótica tú decides

Recuerda bien, sólo en lo que pones tu atención se manifiesta, pero si tomamos en cuenta que se necesita la misma cantidad de energía y el mismo proceso de pensamiento para crear ya sea lo oscuro o ya sea lo bueno, pues es momento de elegir, crea lo bueno, niégate a lo oscuro, sé contundente con tu deseo. Tú no puedes progresar si le das poder a la negación de lo que quieres. ¡Si sirves a dos amos, tu atención se dispersa, y se hará manifiesta la más fuerte, en la que has puesto mayor tiempo tu atención! Dale poder a tu poderosa presencia yo soy, lo que pasa con muchas personas que no manifiestan es que no se aferran al poder del yo soy. Si comprendes que poner tu atención en lo deseado te da el poder de manifestarlo, estás muy cerca de ser todo lo que deseas ser. Pero si decretas y después te llenas de dudas anulas tu decreto.

La energía universal se encuentra en estado de pureza perfecta, si estás dispuesto a recibir esa energía pura creadora, tu vida se transformaría en un instante, sabrías que la verdad, es pura felicidad y gozo, que el universo no te niega nada, son tus pensamientos imperfectos que lo hacen. La energía entra continuamente a través del corazón, pero ella debe permanecer en movimiento continuo entonces así vuelve a proyectarse al universo después de pasar por tu ser, circula eternamente. Ella viene hacia tí, pasa, y vuelve a salir, y así sucede infinitamente, hasta el día de tu muerte. Nuestra mente individual está en continúa proyección al universo, formando el entorno en el que vives hoy. Somos un receptor de vibraciones de todo tipo, de alegría, tristeza, paz, ira, etc. Pero el verdadero estado del espíritu, es la completa paz, la plenitud, y el gozo. Cuando te sientas agobiado, angustiado, preocupado, reconoce estas emociones, pero no te quedes con ellas, sino utiliza la oración para despojarte de ello. Por ejemplo: "Desde el señor dios de mi ser, reconozco esta angustia en mí, pero ella debe venir de un falso pensamiento, la angustia no me pertenece, porque no es parte del bien infinito, así que la rechazó, la anuló y se la entregó a la fuente de todo poder para que la desintegre y la transforme y me sea devuelta en verdad de amor divino". Así estás hablando desde tu yo soy, estás haciendo que la energía circule a través tuyo y se la devuelves al universo para que realice su trabajo, de esta forma no te quedas con esa energía y vuelves a un estado de equilibrio y armonía.

Cuando afirmes, Mantén firme tu deseo, entrarás en la plenitud, tu afirmación contiene luz, vibración, poder creador. El universo cuántico estará recibiendo tus palabras, pensamientos, emociones, y él a su vez, creará según ellas. Mantén firme tu atención hasta su manifestación. No hacerlo es darle permiso a la derrota. No sientas lástima por tí, no te decepciones de tí, no dudes de tí, no aceptes la derrota, si lo haces le abres la puerta a lo imperfecto, y tú, desde el señor dios de tu ser, eres perfecto, tu presencia yo soy, es perfecta. No te dejes invadir por el "no puedo", no sé, por la lastima, ya que tienes el poder de transformar y volar. Piensa en: "Yo soy" cualquier cosa destructiva en tu mente, puedes reemplazarla por un pensamiento edificante. Así de sencillo, así como piensas para destruir puedes pensar para construir. Estás solo a un pensamiento de ser o no ser. De convertirte en lo que quieres. En tu mente está la mente de Dios. Sobre la primera línea de tus pensamientos creas, existen mil voces en tu cabeza, pero es con la primera línea con la que creas o destruyes. Mantente firme en la presencia yo soy sin juzgar, y todo se manifestará a la perfección. No escuches malas noticias, no hagas caso de malas influencias que nieguen tu verdad, no leas pronósticos negativos, aléjate de todo lo que te cause emociones negativas, sigue enfocado, para que tu estado vibratorio se mantenga hasta la manifestación. El futuro no existe, el futuro sólo se crea desde el hoy, hoy puedes cambiar tu mundo con un solo pensamiento, Yo soy. Debes saber que el poder activo de Dios, sabe exactamente a donde te va llevar, desde tu primera línea de pensamiento, dile a tu ser interior, confío en la presencia yo soy y sé que me llevará en la dirección correcta para mi más grande bien. El me guía y me sustenta. La naturaleza del bien divino es el amor, jamás juzgues ni critiques, permanece en tu presencia yo soy, en él lo tienes todo.

Los 7 poderes

1. Primer Poder, Con el fuego sagrado transmutas las emociones así logrando la liberación de la energía negativa grabada en tí,

2. Segundo poder, con la oración ordenas armonizas y liberas los pensamientos, ya con estos dos poderes has librado la fuerza interna que impide tu manifestación. Recuerda que sólo eres un ser de pensamiento y emoción.

3. Tercer poder, Ahora viene la creación por medio de la visualización, ella tiene el efecto fotoeléctrico en el universo a través de tu mente.

4. Cuarto poder: Luego sigue atraer el objeto de deseo por medio de la gratitud, ya que sólo agradecemos cuando hemos recibido,

5. Quinto poder: al mismo tiempo puedes utilizar las afirmaciones desde el yo sé, para crear la sensación de certeza necesaria en la mente y el cuerpo, por último, cuando has trabajado los primeros 5 poderes, llegarás de manera infalible a la emoción.

6. Sexto poder: se produce la emoción de que tu deseo está hecho, este tiene dos vertientes 1. Recibes un mensaje claro de la acción que vas a realizar, esta es la acción externa, tu acción sobre la fe 2. Se manifiesta de manera automática.

7. El séptimo poder es Dios en el centro del hexagrama, el Uno, la conciencia divina quien ha recibido de los 6 poderes la vibración para su manifestación. Su función es recibir de ti la creación desde tus pensamientos y emociones, para así liberarlos al flujo de conciencia, desde ahí se procesa la información y tiene el efecto de rebote, se devuelve hacia ti en forma de experiencia, con el fin de que lo que experimentas en tu realidad se convierta en sabiduría.

CAPÍTULO 14

LA IMPORTANCIA DEL PERDÓN

En lo que nos concierne respecto a la capacidad de manifestar, es necesario tomar los estudios científicos hechos por el Doctor Bruce Lipton, en los que señala que el estrés es en un 95% el causante de cualquier aflicción, ya sea de salud, de éxito o de relaciones personales. Así como también el profesor William Tiller, físico cuántico de la Universidad de Stanford, dice que existe una intención inconsciente en la mayoría de los problemas que tenemos en la vida, al igual que el Dr. Lipton, afirman que es casi imposible solucionar nuestros problemas mediante sólo la fuerza de voluntad, porque la mente subconsciente es un millón de veces más poderosa que la fuerza de voluntad. Así que es necesario un método que modifique la energía destructiva de nuestros recuerdos.

Si bien la capacidad de manifestar un deseo es modificar la sustancia energética a través de las herramientas que contamos que son el fuego sagrado, la oración, la visualización, la gratitud, También el Dr. Alexander Loyd descubrió el código de curación, su función es curar la energía destructiva de aquellos recuerdos que encierran una creencia errónea, que nos causa miedo cuando no deberíamos tenerlo, y que está activando nuestro sistema de respuesta al estrés cuando no debería ser activado.

En los primeros 6 años de nuestra existencia, vivimos en lo que se ha denominado estado de ondas cerebrales Deltha Theta. Esto quiere decir que nuestras experiencias quedan grabadas en la mente subconsciente, o sea el disco duro del cerebro. De ahí, parten las acciones o reacciones con las que nos vamos a desempeñar en la edad adulta. En el interior del disco duro, está almacenado todo cuanto nos ha sucedido a lo largo de la vida.

El Dr. Lloyd, en su libro los códigos de curación, explica Por qué los códigos de curación son un sistema que resuelve los problemas corporales de frecuencia energética, es un método de curación cuántica. La transferencia de información mediante la energía se produce a más de 200,000 kilómetros por segundo, y como la ciencia de la creación, se desarrolla únicamente a nivel de energía, los códigos son un gran descubrimiento, puesto que los recuerdos grabados inconscientes son un programa de estímulo/respuesta ante cualquier situación, y ellos no podemos sacarlos de la oscuridad, para ser conscientes de ellos, este método, actúa como lo dice el Dr. Lloyd, como un antivirus del disco duro, a medida que vamos acumulando más y más experiencias negativas, el programa añade más y más "definiciones víricas".

Volviendo a la fórmula $E=mc^2$, todo es energía, entonces, todos los recuerdos son energía almacenada y recordada como imágenes, y el 95% de ellas son inconscientes.

Se actúa de acuerdo a lo que se cree, y la pregunta es: ¿de dónde proviene esta respuesta?

"Siempre hacemos lo que creemos, si tú haces algo equivocado, es debido a que tu pensamiento también es equivocado. Un 100% de lo que hacemos es debido que así es como pensamos" la respuesta es que actuamos de acuerdo a lo que tenemos en el corazón. Nuestro corazón es la mente superior la que ante cualquier circunstancia tomará el comando de la situación. Porque el corazón es el sistema de valores sobre los cuales está cimentada tu personalidad. Cuando tomamos decisiones creemos que lo hacemos desde la razón pero lo cierto es que lo hacemos desde aquello que sentimos. La emoción es el indicador de la respuesta y a su vez el motor de la creación.

En los códigos de curación, se explica que existen 3 inhibidores que impiden cualquier curación, los llaman así, porque inhiben la vida, la salud, y la prosperidad. Debido a esto para que tenga lugar una plena curación, estas 3 categorías deben ser eliminadas. ¿Cómo el código de curación activa los centros de curación? Tú activas los centros curativos con los dedos. Un código de curación es una serie de fáciles posiciones de manos. Realizas el código apuntando con los cinco dedos de cada mano a uno o más centros curativos, a una distancia de cinco a siete centímetros del cuerpo. Las manos y los dedos dirigen el flujo de energía a los centros de curación. Los centros curativos activan un sistema energético de curación que funciona de forma paralela al sistema inmune. En lugar de matar virus y bacterias, apunta a los recuerdos que están relacionados con el problema que tiene la persona.

Utilizando frecuencias de energía positiva y curativa, se cancelan y remplazan las frecuencias destructivas y negativas. Cuando al hacer el código de curación las células se bañan con energía saludable, la energía insana queda literalmente anulada por la positiva. Una vez han sido anuladas las frecuencias destructivas, la imagen resonará con una energía saludable que contribuye a la buena salud de las células, de los órganos, y del sistema corporal que formen. La energía sanadora ha transformado la energía destructiva que se hallaba almacenada en forma de recuerdos celulares en el cuerpo / mente, afectando en definitiva a la fisiología de las células. La razón por la que el código funciona, es que se está enviando a los centros energéticos las virtudes del amor, como verdad, compasión, perdón, etc. ya que la frecuencia energética del amor puro sana cualquier cosa y es la única fuerza que puede hacerlo. El Instituto HeartMath ha publicado diferentes estudios en los que se indica que la activación de recuerdos amorosos y alegres positivos pueden realmente tener un efecto curador en el ADN dañado.

1. Categoría 1. Falta de perdón

El Dr. Lloyd y el Dr. Ben, afirman que nunca han visto un problema de salud, de éxito o prosperidad, en el que no haya un problema de falta de perdón o intolerancia, explican que sería la categoría más importante de todas, en el padre nuestro es el único punto que Jesús menciona dos veces. La falta de perdón se ve enmascarada por alguna forma de ira o de irritación o también por no querer estar cerca de una determinada persona.

2. Categoría 2: Acciones dañinas

Esta categoría incluye temas de sobrepeso, dietas ejercicio, y toda clase de adicciones.

3. Categoría 3: Creencias erróneas

Las investigaciones realizadas por el Dr. Bruce Lipton, demostraron que lo que nos enferma en el 100% de los casos es el estrés ocasionado por sostener creencias equivocadas sobre nosotros mismos, sobre nuestras vidas o sobre otras personas. Este tipo de creencias nos hace tener miedo cuando no deberíamos tenerlo. El estrés y la enfermedad son simplemente miedo que se ha convertido en algo físico. Tú sabes que hacemos aquello en lo que creemos, si tus creencias son correctas, tus pensamientos, actitudes también lo serán. Pero si lo haces, piensas algo que no quieres es a causa de lo que crees.

La ciencia de la creación y los códigos

He tomado este método de curación, principalmente para solucionar la falta de perdón, ya que es un aspecto determinante en la expansión del yo a un estado superior de conciencia. También porque es realmente un inhibidor de cualquier deseo que quieras manifestar, y una de las cosas más difíciles que los seres humanos no son capaces de hacer con la sola fuerza de voluntad. Creemos que hay cosas imperdonables, situaciones que vivimos que sería imposible de dejar. Pero la verdad, es que todo debe ser perdonado, ya que tú compartes la energía con la o las personas que te causaron el daño. Esa energía debe absolutamente ser liberada de tí. Esto es una condición imprescindible para la sanación del ser, para que la creación tenga lugar, y para que los sueños se manifiesten.

Si tú eres una persona que ha pasado por una vida difícil, a la cual le ha costado lograr el éxito o la salud, o que sientes que hay cosas en tu corazón que debes liberar e imposibles de perdonar, te recomiendo que uses el método del Dr. Lloyd, para la falta de perdón ya que él constituye una de las razones principales que inhiben la realización de los deseos. Este método ha sido comprobado por mí y por miles de personas en el mundo por su eficaz curación en un tiempo muy corto. Los códigos los puedes encontrar en YouTube, con las indicaciones exactas para realizarlos. Necesitas de 6 minutos para realizar el código dos veces al día, los días que dura el tratamiento dependen de la calificación que tú aportas, esta va de 1 a 10, cuando usas el código calificas tu molestia de 1 a 10 y a medida que vas realizando, los números van aumentando hasta que tú sientes que ya ha sido sanado, ahí la calificación será de 10. Es un pequeño esfuerzo que todos deberíamos hacer por nuestra felicidad y de la de las personas que nos rodean. Yo misma lo he utilizado para sanar a mis hijos y a mí misma, para eliminar los recuerdos celulares destructivos almacenados en el inconsciente. En lo que se refiere a la falta de perdón, encuentro que es lo más eficaz que conozco hasta hoy. Con otro método, no estaremos atacando la fuente para lograr la curación, que es a nivel de energía. Miles de personas han sido curadas de intolerancia, temor infantil de la muerte de sus padres, escoliosis, curación emocional y conductual, insomnio, dolor extremo, dolor de espalda, migraña, diabetes, cáncer, hemorroides, etc.

"Para curar la energía debemos utilizar la energía"

Los códigos curativos entonces, son emisiones de luz con una carga eléctrica, la cual se comunica con los centros energéticos por medio de nuestros dedos. Como ve en la gráfica. Por la punta de los dedos, sale un rayo de luz que se comunica directamente con el centro energético y este a su vez se comunica con la mente subconsciente, emitiendo información de manera eléctrica. Mientras usted tiene los dedos puestos en esas posiciones, la energía de sus palabras, al realizar el código. Estará comunicándose por medio de la voz, la cual también vibra y por medio de la emisión de energía a los centros energéticos de la cabeza. De esta manera, está, entrando al centro de mando, de todo lo que existe en su vida. De ahí, salen las órdenes directas a la mente consciente de ejecutar la orden de la mente subconsciente.

Como seres humanos complejos que somos, pasaríamos una eternidad descifrando quienes somos y por qué somos lo que somos, incluyendo nuestra personalidad, nuestro carácter, nuestra manera de amar. Podríamos pasar una vida entera resolviendo cada punto grabado en el inconsciente y finalmente jamás llegaríamos al final.

CAPÍTULO 15

ACTIVAR LA LLAVE DE ORO

Los planos en los que opera

"Como es arriba es abajo, como es abajo es arriba", Este es un axioma hermético, el cual enseña que existe entre los diversos planos de manifestación de la vida y del ser una armonía, concordancia, y correspondencia. Porque todo cuanto existe en el universo emanó de la misma fuente y las mismas leyes, principios y características que se aplican a cada unidad o combinación, conforme cada una se manifiesta su propio fenómeno en su propio plano. Estos planos pueden ser divididos en 3:

1. Plano material
2. Plano mental
3. Plano espiritual.

Para que la ley de manifestación de la substancia etérea se transforme en sustancia sólida, debemos operar sobre estos tres planos, en realidad, no están divididos ya que ellos son un TODO universal.

Cada plano se diferencia en la intensidad de su vibración, no son más que grados ascendentes de la misma sustancia. En su orden, el grado más bajo lo tiene el plano material, seguido del plano mental, y por último el plano espiritual. Son 3 grados de la misma substancia.

Para que se manifieste cualquier forma de materia primero se debe crear en su forma etérea, entonces, se dirige al plano de la substancia etérea, que comprende lo que la ciencia denomina "éter" sustancia de tenuidad extrema y de prodigiosa elasticidad, que compenetra todo el espacio universal y que obra como médium para la transmisión de ondas de energía tales como la luz, el calor, la electricidad, etc. Esta substancia etérica, es el eslabón entre la materia y la energía, estando presente en la naturaleza de ambas. Después viene el plano de energía, que comprende las formas como son: calor, luz, magnetismo, electricidad, atracción, vibración. Luego se manifiesta en el plano mental, sobre las creencias, pensamientos, imágenes mentales, y por último en el plano material, pero después de haber inducido los estados energéticos, la materia es transformada, y es cuando llamamos milagro, a un proceso de modificación de la sustancia, el cual ha sido dirigida por nosotros para producir su manifestación en la realidad.

El objetivo del hexaedro, es activar las 7 herramientas de la manifestación en equilibrio. Cada uno tiene un poder en acción sobre la materia, si adquieres la conciencia que tus procesos de pensamiento son toda la creación seguirás la senda hacia una conciencia iluminada, lo que se traduce, en dar luz a la mente del hombre de su poder para crear otra realidad más cercana a la conciencia de Dios/amor. El nos dio el poder y nuestra responsabilidad es servirnos de él. El camino del amor verdadero es la capacidad de cada uno de elevarse sobre sus propias limitaciones hacia una conciencia del yo superior para descubrir nuestra propia divinidad en nuestro corazón, esta es la manera de encontrar la libertad del yo.

No necesitas seguir a ningún gurú, secta de la nueva era, religión, sino escuchar tu propio corazón, tu verdad interior de lo que verdaderamente resuena en tí. El lineamiento a seguir es puro amor, la pregunta es, cuanto amor puedo dar, Cuánto amor me puedo ofrecer? Cada uno de nosotros podemos canalizar nuestro yo superior. Estudiando, buscando, leyendo, y sólo hay que seguir lo que resuena con nosotros, no entregues tu poder a nadie, creyendo en religiones que te enseñan el miedo, el castigo de Dios, un infierno que no existe, el pecado.

Tienes todas las probabilidades de manifestar si alejas el pensamiento de impotencia, de la autocompasión, de culpar a otros por tu fracaso. En cambio sí proclamas amor por tí, y te levantas, y haces el esfuerzo necesario, te aseguro que llegarás. ¡Ámate, ámate, ámate! La dicha completa y abundante está en el amor.

LOS 7 PASOS

1. ## PASO 1: ESTABLECER EL PATRON MENTAL
   Patron mental: Tomar conciencia de la raiz del problema

   El primer paso es establecer el patron mental, quiere decir el contrario que se ha manifestado en tu vida, el opuesto a tu deseo. Aquí le das luz al pensamiento sacando del inconciente las formas errones en las que has vivido causadas por archivos falsos, programados de las experiencias de tu vida pasada.

   Como lo haces? Observando detenidamente el patron repetitivo de cómo se presentan las situaciones en tu vida. Las cosas en tu vida no han sucedido no porque la vida lo ha querido asi, no existe ninguna fuerza exterior que te niegue lo que tu deseas, lo que niega esa manifestacion es la creencia arraigada en tu mente que consideras una verdad, y le das el poder, de esta manera ella se convierte en una verdad. Y a su vez ella se refleja en tu experiencia, todo funciona en circulo, asi con el reflejo en tu experiencia tu sigues comprobando que es una verdad. Es necesario romper el patron mental que tienes grabado en el subconciente. De la raiz vienen los frutos, de tus pensamientos viene tus sentimientos y de tus sentimientos vienen tus acciones. Asi pues para lograr manifestar tu deseo debes cambiar la raiz que es la semilla de tu experiencia exterior, tu mundo interior crea tu mundo exterior. Tienes un archivo mental determinado por tu ninez, tu familia tu entorno, y la conciencia colectiva, de ese condicionamiento pasado brota tu experiencia actual, tu mente esta condicionada y programada para actuar de cierto modo debido a ese programa. Todo el poder esta en la energia de tus pensamientos establecidos como verdades. El patron esta compuesto por pensamientos, sentimientos y acciones opuestos a tu deseo. Ahora descubrelo y preguntate lo siguiente:

A. cuales han sido las experiencias especificas que te han hecho creer que la vida es asi?

_____
_____
_____

b. Escribe todas afirmaciones, que escuchabas respecto a tu deseo cuando eras niño, Que observabas en tu casa y en tu entorno ? que te decian cuando eras niño?

_____
_____
_____

c. Las repeticiones en tu vida de un suceso negativo son el patron mental, analiza que se repite en tu vida por intervalos de tiempo?

_____
_____
_____

d. Determina con todo lo anterior como a incidido en tu vida actual el lograr el deseo que quieres?

_____
_____
_____

Te das cuenta que esos son conceptos de personas pero que son solo pensamientos, creencias, y que tu puedes establecer otras creencias, esos pensamientos no te representan, no son tu, son en realidad verdades de otras personas que fueron archivas en ti porque eso fue lo que eschuchaste, viviste, observaste en el pasado. Ser conciente de ello te ayuda a elegir de otra manera, a vivir cada momento desde otra verdad, ya no del pasado sino de que decides ser hoy. Na vez que eres conciente veras ese archivo comolo que es, solo pensamientos condicionados provenientes del exterior, en ese entonces no tenias la capacidad de recharzarlos, existe el campo de la potencialidad pura donde todas las cosas son posibles, es un estado de conciencia en el que haces un reset y te conviertes en aquello que deseas ser.

PASO 2: ORACION

ORAR: filtro purificador del pensamiento

Ahora que has establecido tu patron mental, pueden ser muchas cosas que has descubierto, no importa cuantas, el objetivo es escribir tus oraciones de resolucion tomando el patron mental.

La oracion, Recompone los aspectos disfuncionales de la mente, se derrite la resistencia a aceptar que lo que deseas ya es tuyo por derecho divino. Su poder transforma la mente inconsciente, alineando la verdad espiritual a un nivel celular. Orando, la vibración negativa almacenada en nuestras células y en la mente inconsciente, se libera. El proceso de liberación se origina cuando se le entrega a la fuente de todo poder que tome el error infundido en una creencia falsa, la transforme y te sea devuelta en verdad divina; con esto, le entregas la carga de transmutar la oscuridad en luz en tu mente, la ley cumplirá su propósito, esta es la ley.

Con la oración, ordenas la energía cuántica en caos para convertirla en energía limpia, eliminas las creencias falsas en verdad divina, entregas al universo la responsabilidad de disolver la resistencia, y él a su vez te lo devuelve convertido en energía transformada, las células, el ADN, y el subconsciente cambian de frecuencia vibratoria, ahora transmutadas en una nueva verdad. Cada palabra que usas, tiene un poder en potencia que se expande y se proyecta así mismo en la dirección que tus palabras le dan. Las palabras expresan tus pensamientos, y tus pensamientos son poder creativo.

Orar, activa el poder trasmutador de la vibración universal. El principio hermético de vibración, dice: nada esta inmóvil, todo se mueve, todo vibra.

Este principio hermético descrito por los maestros del Antiguo Egipto, hace cientos de años hoy comprobado científicamente, dice que todo está en movimiento, de que nada permanece inmóvil. El universo es vibración, esto explica las diferencias entre las diversas manifestaciones de la materia, Que son todas manifestaciones de los varios estados vibratorios. Desde la fuente, que es puro espíritu, hasta la más grande forma de materia, todo está en vibración: cuanto más alta es esta, tanto más elevada es su posición en la escala. La vibración del espíritu, cuando se ora, es todo poder, ya que combina el plano mental, el plano espiritual y el plano material. Astros, átomos, moléculas, electrones, recuerdos, palabras, creencias, emociones, montañas, todo el universo está en vibración, en todos los planos mentales y espirituales. Lo único que los diferencia en su intensidad. Aquel que aprenda a manejar sus estados vibratorios posee el centro del poder de la manifestación, aquel que encuentra como permanecer en un estado de alegría acelera la manifestación y determina cuando la energía se hace materia.

La Oración en los Códigos de Isaías

En los manuscritos del Gran Código de Isaías y otros textos esenios como el de las cavernas de Qnram, ocultados por más de 2000 años; encontrados en el Mar Muerto, en el año de 1946. Se habla que los seres humanos tenemos poderes ocultos, el código describe lo que descubrió Max Planck, en 1944 sobre la teoría cuántica, el origen de todas las cosas es energía pura donde todas las cosas tienen su origen y son simplemente E, energía.

El texto describe lo que la ciencia descubrió hace poco, que existen muchos futuros posibles para cada momento de nuestras vidas, y que la mayoría de las veces escogemos inconscientemente.

Cada uno de estos futuros se encuentra en estado de reposo, esperando a ser despertado por nuestras decisiones hechas en el presente. La ciencia descubrió que estamos todos conectados por vibraciones a la matriz divina, y entre nosotros, vivimos en un universo de vibraciones, originado en las estrellas, en el ADN, y en toda la vida. El ADN cambia con la frecuencia producida por nuestros sentimientos, emociones, o sea las vibraciones. Esta poderosa energía es una red tejida que conecta a toda la materia y al mismo tiempo nos influencia a través de nuestras propias emociones (vibraciones). En el manuscrito, Isaías, habla de una "tecnología" la cual cambiaría el destino de nuestras vidas si la utilizamos. El investigador Gregg Braden, hace referencia a que existió una tecnología muy simple usada en los tiempos antiguos, conocida universalmente con el nombre de "la oración".

En el manuscrito se encuentran las instrucciones de un modelo perdido de cómo podemos usar la oración, y así poder escoger el destino que deseamos experimentar a conciencia. Ya que la ciencia descubrió que esto es posible modificando nuestras vibraciones, nos queda por deducir que orando de manera científica es la tecnología de la que habla el código de Isaías. Por medio de la oración, la ciencia cuántica le atribuye el poder de sanar nuestro cuerpo, obtener paz, operar milagros.

Microscópicamente no hay nada físico, todo es vibración, todo es efecto de la energía condensada. Esta es la razón por la cual el campo de energía de nuestro cuerpo cuántico, es alterado cuando oramos sintiendo que somos uno con la plegaria. Nuestras palabras unidas con la emoción de saber que ya fue entregada a la fuente y está en proceso de realizarse crea el sentimiento de fe, energía vibratoria que pasa de una petición a una afirmación. El tiempo de su manifestación se encuentra en el presente, deja de ser algo por obtener, sino ahora es algo por aceptar, porque su poder reside precisamente en ser uno con la oración, tú eres el hijo de Dios, por lo tanto, estás creado de la misma substancia divina, tu poder de orar, es saber que tus palabras tienen el mismo poder que la palabra de Dios. Eres tú la oración, te sientes en unicidad con ella, afirmas tu condición de ser sanado, y sanarás. Este es el poder que se ha querido ocultar durante siglos, eres, en tu simple existencia, portador de transformar la energía en materia, sanarte de cualquier enfermedad, obtener todo cuanto desees. Por esto en el tiempo de los esenios, las palabras y el deseo creador, bien enfocado, eran lo más fuerte y poderoso que tenían.

La importancia radica en sentir que tú ya no te debes ocupar de su realización, puesto que eso no te corresponde, la verdad, es ahora la fuente de todo poder quien estará a cargo. Entregarla y ahora convéncete que será resuelta de la mejor manera para tí y los demás involucrados.

Ejemplo de oracion:

" Yo soy la presencia que nunca falla o comete un error, aquí, yo tengo el poder de cambiar todas las condiciones de mi vida ya que Reconozco que he vivido en la escasez, en la enfermedad, en la soledad _____

_____

causada por pensamientos erroneos que no me pertenecen como creer que para agradar a los demas debo hacer cosas que no quiero, creer que soy insignificante ya que mis padres no me dieron amor, _____

_____

La vida perfecta es posible ya que solo el amor es el poder creador de todas las cosas, dejo que mi pensamiento salga a la inmensidad omo si la enfermedad no existiera, la escaces no existiera, la soledad no existiera ya que eso no es el reflejo de la verdad, yo no permito que mis pensamientos ronden alrededor de _____ cualquier cosa que este impidiendo mi recuperacioncompleta , mi éxito, mis logros, ha de ser un hilo de pensamiento oculto que contiene una reserva mental que desconozco, ahora se lo entego a la conciencia suprema para que la disuelva por mi, yo no tengo nada que hacer par que asi sea, afirmo enfaticamente que esta liberado, resuelto, acudo a la ley para que m sea devuelta la plenitud. Que así sea.

"Cuando ores cree que ya lo tienes y lo tendrás".

PASO 3: VISUALIZAR

Imagen mental: función crear.

Si deseas ser libre financieramente, te sugiero que calcules la suma de dinero con la que podrías llegar a ser libre financieramente, luego escribas un cheque a tu nombre y esa suma de dinero la sostengas siempre. Si deseas una sanacion, imagina tu cuerpo en perfecta salud, sintiendo en cada celula amor infinito por ti, te ves envuelta en la luz de la sanacion universal. Si deseas amor visualiza el ideal del amor que quieres, cada detalle estando con el/ella, viviendo en completa plenitud. Si deseas una carrera exitosa, visualiza como seria, cada detalle es importante, donde estarias con quienes tendrias relaciones, cual seria tu aporte al mundo y tu servicio especial. El principio del éxito en todo, esta en el ideal y la intension de lo que deseamos.

A través de tu imaginación, como ya lo expliqué en el capítulo de la visualización, estas activando el primer aspecto de la rueda de la manifestación. Este aspecto le da forma y solidez. Se debe trabajar con él, en conjunto con los otros 2 aspectos.

Para manifestar de manera efectiva, debemos comprender que la creación del deseo en el universo cuántico (quantum de luz) es primero una imagen fotoeléctrica producida desde la máquina eléctrica que es tu cerebro. Por medio de la imaginación creas una imagen mental del deseo. Imaginando, le das energía; se transmite la imagen a la red electromagnética, cuando está cargada al 100% se manifiesta en la realidad. Eso es visualizar, aquí lo más importante es que en tu visualización encuentres que es lo qué te hace feliz de recibir lo que quieres. Encontrar la emoción de tener ese deseo, con situaciones que te causan emoción, por ejemplo: recibiste un cheque de 500 millones, vas a imaginar siempre que recibes el dinero, lo cuentas, y con él haces cosas que te causan felicidad, el asunto es encontrar la vibración/emoción para que sea recibida por la matriz.

Imaginar, es la herramienta que utilizas para extraer del universo cuántico, algo que ya te pertenece, si recuerdas, el deseo ya fue proyectado por ti mismo, y está suspendido en pura energía, esperando que con tu imaginación lo alimente de la sustancia en ondas y partículas necesarias para materializar. El universo cuántico es una bodega a la que accedes con tu mente, ella es igual de real al mundo sólido. Tu imaginación magnetiza, condensa, algo que ya fue creado en quantum de luz.

Imaginar no es algo irreal, no es una ilusión, el mundo mental es el preámbulo al material, jamás es a la inversa. Para que algo exista en el mundo físico primero tuvo que existir en el mundo energético. Los dos son iguales de reales, pero cada uno está en un estado de la materia diferente. Tomemos el ejemplo del hielo. El hielo es el nombre común del agua en estado sólido. El universo cuántico es el agua y tu imaginación es la temperatura bajo 0 grados, el agua y el hielo, son dos estados diferentes compuestos de los mismos elementos, molécula de hidrógeno y molécula de oxígeno, que sometidos a una atmósfera de presión se produce hielo. Entonces, el papel de la imaginación es someter la energía a presión hasta solidificarla. Visualizando, magnetizas la imagen mental en la energía cuántica, le das forma a la energía informe, transformas la energía libre en energía sólida, con cada visualización imprimes en la fuente hacia una forma física. Recuerda esta frase de Tomas Troward "mi mente es un centro de operación divina" imaginando estás operando la energía cuántica hacia su materialización. La constancia crea la fe que es una emoción que nace en el corazón, y creando la emoción creas tu realidad.

Visualizar, activa el poder creador mental. El principio hermético de que "TODO es Mente, el universo es mental", explica que el TODO es una realidad substancial que se oculta detrás de todas las manifestaciones y apariencias que conocemos bajo los nombres de "universo material" "materia" "energía". Todo cuanto es sensible a nuestros sentidos materiales, es espíritu, quien en sí mismo es incognoscible e indefinible, pero que puede ser considerado como una mente infinita, universal y viviente. Todo el universo es una creación mental del TODO, en cuya mente vivimos. Con este principio podemos establecer la naturaleza mental del universo, comprender el principio hermético de mentalismo nos afirma sobre la posibilidad de ser individuos creadores del universo material. Si visualizamos, utilizamos esta ley de creación para nuestro bienestar y desarrollo de manera consciente. En vez de vivir sobre la falsa premisa que el universo decide por nosotros, si bien somos nosotros los creadores del mundo. Con la clave maestra del poder mental, podemos abrir las puertas del bienestar, abundancia, salud, ya que todo está subordinado a la mente del pensador; somos un microcosmos dentro del cosmos. Toda la virtud, vida, espíritu, manifestación o realidad de la imagen mental se deriva de la "inmanente mente" del pensador.

PASO 4: FUEGO SAGRADO

Función: filtro purificador de las emociones

Cuando sientas emociones de angustia, tristeza, impotencia, etc, activa el poder del fuego sagrado pidiendo que consuma la emocion que sientes, el sentimiento erroneo, solo imagina un fuego que emana de tu corazon y se expande por todo tu ser con el pensamiento y pidiendo que consuma lo que sientes.

Mientras visualizas Estás operando en la materia y en la energía, pero tienes un gran oponente que es tu propio ego, como tu ego es tu peor enemigo, va a utilizar todo a su disposición para negarle lo que deseas y eso incluye utilizar tu cuerpo, además vienes con una memoria celular de esta vida y otras vidas grabadas en tu alma y en tu cuerpo. Cada vez que sientas que no está bien, que sientas angustia, temor, miedo, rechazo entrégalo al fuego sagrado para que lo purifique.

Ejemplo: fuego sagrado siento en mi una sensación de rechazo al bien universal del amor, te pido que consumas esto que siento ya que no es igual a la perfección del ser que yo soy. Quema esta sensación y purifícame. Imagina que el fuego parte del centro de tu corazón y cubre todo tu ser hasta una distancia de 5 metros por fuera de ti.

PASO 5: AGRADECER:

Función: atraer

Activa tu actitud de agradecimiento por este momento presente en el que estas cambiando a un mundo mejor, en el que has llegado a descubrir como lograr tus sueños, actitud de agradecimiento por todo por cada cosa que vives, respiras, observas.

Agradecer es atraer o más bien, establecer la creencia que ya es tuyo, y esto se logra con el agradecimiento.

Agradeciendo, estás diciendo al universo, ya es mío y doy gracias por ello. Agradecer atrae los acontecimientos, magnetiza la energía, en el único momento que se crea es el presente, y cuando agradeces, ubicas tu deseo en el presente cumplido. No puedes obtener algo que se encuentra en el futuro, solo lo puedes obtener en el presente. No puedes ir allá, estando aquí. Debes vibrar en la frecuencia del deseo cumplido, ya que tu componente vibratorio es el que determina su manifestación. Agradecer, cambia la frecuencia mental y emocional hacia un estado de gracia. Transforma el estado mental de carencia hacia un estado de sentirse merecedor de recibir.

Agradecer, activa la emoción que se emana desde el corazón, creando una fuerza magnética toroidal, que está entrelazada, a la fuerza magnética universal. Esta fuerza crea nuevas vibraciones de onda en armonía y concordancia con la fuente. Es la alquimia del espíritu. Su utilización transmuta el mundo negativo en positivo.

Los hermetistas fueron los verdaderos creadores de la alquimia, entiéndase por alquimia: "la mente, así como los metales y demás elementos, pueden ser transmutados, de estado en estado, de grado en grado, de condición en condición, de polo a polo, de vibración en vibración. La verdadera transmutación hermética es una práctica, un método, un arte mental".

Transmutación, es el término empleado para designar el antiguo arte de transmutar los metales, los de poco valor en oro. La palabra "transmutar", significa cambiar de naturaleza de sustancia, y de forma, convirtiéndose en otra. (Webster). Y de acuerdo con esá definición, transmutación mental, significa el arte de transformar los estados, cualidades, vibraciones mentales en otros. Es una química del espíritu para elevar la vibración. Así que transmutar es la magia oculta por medio del agradecimiento para transformar las condiciones de la energia. Agradeciendo, transformas, tu mente, la energía, y la materia hacia aquello que agradeces, una afirmación, un decreto, una autosugestión es una operación de alquimia, porque transformando tu mente transformas la materia.

Cómo utilizamos la gratitud:

Lo que vamos a aplicar es una dieta mental del agradecimiento, esto cambiará tu vida por completo, es el alimento que le proporcionas a tu mente, el que determina todo el carácter de tu vida. Lo que te permites pensar determina el entorno y su manifestación. Como te expliqué en el capítulo 8, la gratitud es la alquimia que transforma el plomo en oro. Esta es la clave de tu vida, serás transformado por esta dieta mental. Ya que dejarás de estar a la espera de un deseo, por ser el deseo mismo, agradecer, te posiciona en poseedor.

Ahora, si quieres atraer hacia tí aquello que deseas, tendrás que controlar tus pensamientos, y agradecer, lo que deseas como si ya lo tuvieras, lo que queremos es formar un nuevo hábito de pensamiento, decide dedicar unas horas al día, agradeciendo mentalmente o si puedes decirlo, agradece el recibimiento de tu deseo, agradeciendo transformar las vibraciones, se elimina la separación, entre lo esperado y lo poseído. ¿Acaso no agradecemos algo que ya hemos recibido? En la conciencia está implantado el patrón de que cuando se agradece es porque ya tienes algo.

Las condiciones empezarán a cambiar, durante el tiempo que estés manifestando, piensa en agradecimiento, seguramente será extenuante, pero comparado con el sufrimiento de no tener lo que quieres, no es nada. La idea es que cada día, te pongas unas horas o un día entero, agradeciendo. Cada día, vuelve en esa actitud. Tú eres dueño de tus pensamientos. Si tienes pensamientos negativos, sácalos de tu mente. No permitas que pensamientos de culpa, negación, ronden, anúlalos, y vuelve a tu dieta. El ego, va a hacer todo para que sigas en el estado mental erróneo de carencia. No digas a nadie que estás en dieta mental, para no bajar su poder.

Ahora, crea unas frases de agradecimiento, y piensa en ellas el mayor tiempo posible. Agradeciendo encontrarás el sentimiento de aquello cumplido, como sabes en la vibración de la emoción está la llave maestra.

PASO 5: AFIRMAR

función crear red neuronal

Ahora afirma tu verdad, que ha sido develada siendo el opuesto al patron mental. En voz alta y con determinacion. En el capítulo de las afirmaciones te dejé varias frases, tu intuición te dirá cuál es la más apropiada, para tu caso. Estas afirmaciones se utilizan durante el día, las veces que desees, entre más mejor para que vayas creando una nueva verdad y así ella se irá grabando en tu subconsciente.

Ejemplo: "Yo sé que soy todas las cosas de este mundo"

PASO 6: ACEPTAR / RENDIRSE / TOMAR ACCION

Función: creer en que tú deseo está hecho y tomar accion de lo que la fuente te entrego como idea.

Sentiste la certeza, Llegado aquí ya habrás sentido tu emoción inconfundible, ya no queda más que aceptar y rendirte frente al hecho de que has trabajo lo suficiente y lo que deseas está por manifestarse. O bien; Toma acción sobre la fe, simplemente dependiendo de tu deseo esta se hará manifiesta. Cuando con total certeza sabrás qué debes hacer para lograr tu deseo, simplemente toma acción, en este punto estas al 95% de tu deseo manifestado, el 5 % restante es hacer lo que te llego como respuesta.

Con este aspecto cierras el círculo, No existe problema que no puedas resolver, no existe sueño que no puedas realizar, esa es la promesa del amor, no hay cielo que no puedas alcanzar. Jesús dijo: El reino de Dios está dentro de ti. ¿Comprendes ahora esa frase? Desde ti creas todo sueño, el reino de Dios, no puede ser más que una vida perfecta. Así como en todas las religiones han existido 3 componentes para formar un todo divino y perfecto, la ley de la manifestación es infalible, divina y perfecta. Este es el manantial. Finalmente, sí existe una fórmula para manifestar, ahora el camino está trazado, a ti de seguirlo.

PASO 7: LA FUENTE – DIOS

Funcion: el poder del uno

La fuente manifiesta trabaja y te acompaña hasta el final, has realizado el proceso de la creacion deliberada, y la conciencia superior es la energia de la fuente devolviendo a tu vida la respuesta para que sea experimentada en tu vida. Toma la accion necesaria y realizala con la fe absoluta ya que su respuesta es el camino para revelar tu deseo.

RESUMEN DEL METODO

1. Visualizar: 1 vez al día
2. Orar: 1 vez al día apenas despiertes sin salir de la cama.
3. Purificar tus emociones, utiliza el filtro purificador del fuego sagrado cada vez que sientas una sensación / emoción que no sea de paz, plenitud, alegría y amor.
4. Actitud de gratitud: dieta mental continua todos los días
5. Dieta mental del pensamiento positivo continua todos los días 7/7 24horas
6. hacer afirmaciones en voz alta: todos los dias
7. Aceptar: tomar la acción necesaria recibida por la fuente, o aceptar que el deseo fue realizado
8. Dios – Hombre: dejar actuar el poder del Uno.
9. Realiza el código curativo del perdón 2 veces al día. Enfoca las frases de poder dirigidas hacia el deseo que deseas manifestar. Los días necesarios los determina la calificación hasta que llegue a 10 (aproximadamente 2 a 3 días)

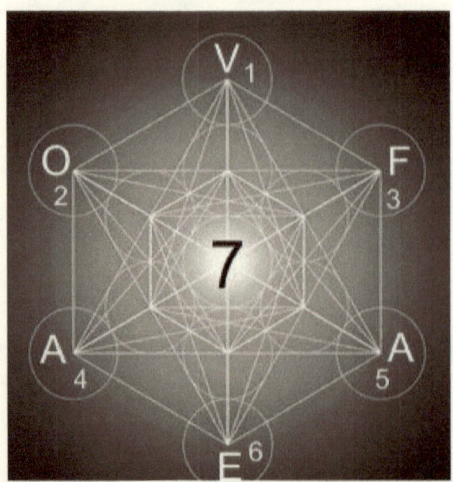

CAPÍTULO 16

SANACIÓN

El principio más poderoso que aprendí, es que el universo es mente, y que existe una ley de causa y efecto que gobierna todos los planos de existencia del ser humano. Por muy difíciles que tus experiencias pasadas hayan sido, el poder actúa sobre cualquier dificultad grande o pequeña. Te sugiero que trates de esforzarte en comprender lo que significa, Dios es mente, el universo es mente y poseemos la mente de Dios. Con ello quisiera que seas consciente del poder creador de tu mente. Las experiencias que vivimos quedan guardadas en la mente como recuerdos, pero si observas en este momento donde te encuentres, y tomas conciencia, ellas no tienen realidad material, sólo existen porque tú le das poder de existir a través de tu mente.

Si a través de las sugerencias que te explico del poder de la oración, la perfección implícita en cada ser humano, y que el pensamiento de Dios es el principio creador para que los pensamientos que no están acordes a la perfección sean corregidos y reemplazados por pensamientos de éxito, salud, amor, bondad, prosperidad, habré logrado mi objetivo.

La corrección de un pensamiento erróneo, significa, que le das luz a tu mente para que ella, actúe desde su nueva perspectiva, haciendo este trabajo, lograrás identificar cuáles son tus creencias que hoy impiden un perfecto desarrollo de tu "Ser" para que ellas sean curadas a través de oraciones poderosas, entregándose a la mente suprema. La ley bajo la cual está regido el principio de perfección actuará para ti, porque precisamente, esta es su esencia, su "Ser", llevarnos al estado perfecto de todas las cosas, su centro de creación es luz, y nuestra mente debe volver a esa luz.

La ley en la sanación, se componen de 3 cosas fundamentales para que funcione, es una condición implícita en el proceso de manifestación ya que, sin estos 3 elementos, ella va a estar en contradicción para lograr la realización de tus deseos. No conocerá cual es el real deseo que tú quieres manifestar. Todos los seres humanos estamos dotados del poder del pensamiento, del poder de la palabra y del poder del acto o la acción. La ley, funciona sobre estos 3 componentes,

1. Tus pensamientos, o visualizaciones son el motor impulsor, imaginas y piensas sobre el propósito deseado como una verdad que ya existe, porque en realidad si tu mente es capaz de verlo, la mente subconsciente tiene la capacidad de materializarlo.

2. La palabra tiene el poder de establecer en tu mente subconsciente la nueva creencia o deseo que tienes, y así comunicar la nueva creencia a la mente universal, si hablas de que siempre estás enfermo, tu mente subconsciente seguirá creyendo esto como una verdad. Simplemente evita las palabras que contradigan tu deseo.

3. Tus actos o acciones, son la forma más densa de las creencias, en los actos que cometemos estamos dirigiendo la energía en una dirección especifica. Por ejemplo, te quieres curar de una diabetes, pero tus actos son comer chocolate, entonces lo que estás haciendo, es anular el flujo de realización de tu deseo. Ya que él se encuentra en disonancia con la palabra y el pensamiento. Anulas la manifestación estando en discordia con los otros 2 elementos.

Los 3 componentes pensamiento, palabra y acto deben estar en concordancia entre si para que la energía creadora fluya y no se encuentre atascada en algún punto, la mente subconsciente funciona por sugestión, y si tus actos le sugieren algo diferente al deseo la ley es la ley y no tendrá el efecto esperado. Pero si los 3 están alineados, Pensando, hablando y actuando según tus deseos, la mente universal inevitablemente cumplirá tu deseo.

El poder de la palabra

En todas las palabras se encuentra el germen del poder que se expande y se proyecta en la dirección que la palabra indica, ella se desarrolla hasta convertirse en una expresión física, quiere decir que toma forma. Por ejemplo si se desea establecer la alegría en la conciencia simplemente se repite la palabra "alegría" de forma secreta, persistente y enfáticamente. El germen de la alegría se empezará a expandir y a proyectar hasta que todo el ser estará lleno de alegría. Esto no es una mera fantasía, sino una verdad, una vez que se experimenta este poder, podrá demostrar a diario que estos hechos no han sido fabricados para encajar en una teoría, sino que la teoría ha sido creada mediante una cuidadosa observación de la realidad.

Todo el mundo sabe que la alegría proviene del interior, una persona puede causarle alegría, un evento puede causarle alegría, pero nadie puede sentir alegría por ti. La alegría es un estado de conciencia y la conciencia es Mental. Las facultades mentales siempre funcionan por algo que las estimula y este estímulo puede venir del exterior a través de los sentidos externos o del interior, mediante la conciencia de algo no perceptible en el plano físico. El reconocimiento de la fuente interior de estímulo le permite traer a la conciencia cualquier estado que "desee". Una vez que algo cree que ya le pertenece, ya es suyo con toda seguridad por la ley del crecimiento y la atracción, del mismo modo que es suyo adquirir el conocimiento de las letras y su conjugación, una vez que tiene el uso consciente sabe qué podrá leer.

Este método de repetir la palabra focalizada hace que la palabra en todo su significado ilimitado sea tuya, se apropie de su significado. Porque las palabras son la personificación de los pensamientos y el pensamiento es creador. Este es el motivo por el cual la fe construye y el miedo destruye, Todas las cosas son posibles para ti, es la fe la que le da el dominio sobre todas las circunstancias o condiciones adversas. Es la palabra de Fe la que libera, no la fe en algo exterior o una cosa específica, sino la simple fe en su mejor yo en todos los sentidos.

Es este poder creador siempre presente dentro del corazón de la palabra es el que hace que tu salud, paz interior, situación económica sean una reproducción de tus pensamientos más habituales. Intenta creer y comprender esto y descubrirás que eres el maestro de toda circunstancia o condición adversa, eres un príncipe de poder.

Es la fe que comprende que cada creación ha nacido en el vientre de las palabras y el pensamiento la que te da el dominio de todas sobre todas las cosas. La fe con palabras está muerta mientras que la fe con obras te libera completamente.

"la oración es la llave maestra que abre el reino de los cielos" según sus enseñanzas, la oración es como un grito angustioso del alma afligida e impotente a un poder más completo y más grande que ella misma, por alivio y consuelo. Es una invocación a Dios, con suficiente competencia para conceder el solaz y la paz a la mente torturada por los problemas de la vida y sus circunstancias.

La mente subconsciente funciona por sugestión continua, si usted lee esta oración cada mañana, pronto verá el resultado, ya que la mente subconsciente se sugestiona con las palabras que usted afirme continuamente. El pensamiento precede la acción, cambiando su mente sus acciones empezarán a cambiar. En la mente consciente se encuentra su fuerza de voluntad, siendo consciente de esto, hágalo cada mañana y cada noche, después de leer la oración, imagine, proyecte, imprima, en la inteligencia suprema, su deseo. Imagínese estando ya en ese estado.

Ejemplo de una enfermedad: Articulaciones

Cada enfermedad o dificultad se origina desde un pensamiento que es la causa metafísica de la enfermedad. Este es el ejemplo de una persona que siente dolores en los huesos, en las articulaciones, artritis, cualquier enfermedad relacionada con los huesos. El dolor en las articulaciones se manifiesta con dolor o con dificultad de doblarlas, también, quiere decir que esta persona también tiene dificultades para expresar lo que piensa, o para tomar decisiones en la vida. Además de esto la persona está cansada y no tiene ganas de actuar. Y cada vez se mueve menos,

Las articulaciones representan, en la anatomía del cuerpo, un punto de unión de varios huesos, permitiendo un movimiento adaptado, el cráneo se considera una articulación inmóvil y la articulación representa la flexibilidad, la movilidad, la adaptabilidad, dando al cuerpo gracia y fluidez. El hueso representa en el cuerpo la parte más densa. Así es que un trastorno articular representa cierta rigidez en los pensamientos, en las acciones, o en la expresión de las emociones frecuentemente inhibidas. Una inflamación se produce cuando tengo miedo de ir hacia delante, me vuelvo incapaz de moverme, tengo dificultad en cambiar de dirección, juego el juego del desapego emocional, no actúo con espontaneidad, dudo o rehúso abandonarme a la vida y hacer confianza.

Cuando tengo dolor o dificultad en moverme, mi cuerpo expresa que no quiero comprender (o aceptar comprender) algo que me limita en la expresión del Yo. Con relación a mi rigidez para comprender, mirando la parte del cuerpo afectada, puedo activar el proceso que consiste a aceptar que tengo algo que comprender. Por ejemplo, las muñecas, los codos, los hombros o las manos dolorosas indican que debo cesar alguna acción o algún trabajo. Quiero replegarme sobre mí - mismo (codos) porque estoy cansado o harto de hacer lo que estoy haciendo o de ser lo que soy: ya no quiero ser responsable (hombros). Las caderas, las rodillas y los pies (miembros inferiores) indican que ya no deseo seguir la vida con las dificultades que comporta. Debo recordarme que la atención sobre un solo y mismo lugar (es decir fijar inconscientemente la energía o la emoción en una sola articulación) puede hacer cristalizar esta energía e inmovilizar la articulación. En este caso, el proceso de aceptación al nivel del corazón es esencial para integrar la toma de conciencia con relación a esta enfermedad y así liberarse de ella. Una juntura es un lugar en el cual dos huesos se encuentran. Una dolencia o una enfermedad referente a ésta revela una inflexibilidad con relación a mí- mismo o hacia una persona o una situación. Puedo encontrar el aspecto de mi vida hacia el cual necesito mostrarme más flexible mirando cuál parte de mi cuerpo está afectada. Son las junturas de mis dedos, de mis muñecas, de mis tobillos, etc.

Entonces tomaremos el ejemplo de Roberto, cada día está más cansado, hace menos, se levanta cada vez más tarde, está inconforme todo el día, entra en estado de depresión porque se encuentra sin motivación, entre menos se mueve Roberto más decepcionado está por su terrible dificultad de tomar decisiones en su vida., y así sucesivamente va acumulando fracasos, porque una cosa engendra la otra. Él no se encuentra bien dónde está, ni lo que está haciendo, en fin Roberto vive en un mundo de pensamientos negativos respecto a su vida, eso va entrando al subconsciente, todos esos pensamientos van quedando grabados en su cuerpo energético y luego pasa a su cuerpo físico, Hasta que la mente subconsciente, crea, materializa esos pensamientos, en una enfermedad. Porque esas vibraciones, cada palabra que Roberto pensó, vibra de una manera, y esa vibración se traduce en algo. En este caso fue una enfermedad, porque las vibraciones eran de baja frecuencia, Entonces la mente las va a plasmar de esta manera.

Los pensamientos de Roberto se conectarán directamente a la fuente de toda creación; con la instrucción que recibí, Roberto debe corregir sus pensamientos para su curación a través de oraciones de poder para poner en orden divino su Ser, nuestros pensamientos, se conectan directamente a la fuente divina. Ella tiene el poder de crear cada cosa que usted piensa. Cada pensamiento que se emite, ella lo recibe, es un organismo vivo, que existe en cuanto tú piensas. La mente suprema, recibe todas esas vibraciones; si los pensamientos que creemos son todo nuestro universo. Nuestros pensamientos, son los pensamientos de la creación. Así, que debemos pensar, como somos, 'seres perfectos". Tener pensamientos sobre nosotros mismos y nuestros asuntos, como si fuéramos hechos a imagen y semejanza de la perfección. Cada palabra de la oración tiene un significado y un lugar específicos, para que la ley se active a través de tu poder de orar y sentir la verdad en tus palabras.

EL PERDÓN EN LA SANACIÓN

Según los doctores Alexander Lloyd y Ben Johnson, en su libro el código de curación, después de cientos de pruebas médicas y científicas, también ha sido investigada por "las mentes científicas" más importantes de nuestro tiempo, durante décadas, y en algunos casos durante siglos. Así pues lo que ellos han comprobado y la ciencia también lo ha hecho, es uno de los paradigmas que cambia de una manera extraordinaria la forma de sanar cualquier aspecto de nuestra salud, física, mental, y espiritual. Uno de los autores del libro (Ben Johnson) tras utilizar este método, fue curado de la enfermedad de Lou Gehrig, en menos de 3 meses, (el código curativo).

Otro de los métodos más importantes que se han comprobado y muchos autores han escrito, y que yo he experimentado como el máximo poder de sanación es la Oración, su poder radica en el reconocimiento de la enfermedad desde el origen que la causó siendo este un problema del corazón, o sea la causa metafísica de la enfermedad, ya que es un desequilibrio energético su causa, la oración disipa la energía aprisionada y la libera a la fuente para su perfecta realización. La curación se realiza cuando se reemplazan creencias falsas por la verdad. El cuerpo físico no se enferma sin ninguna razón que no provenga de las frecuencias a las que el cuerpo ha sido sometido causadas por las emociones, a su vez causados por los pensamientos de la persona enferma. El Dr. Larry Dossey ha escrito varios libros sobre el poder de la oración en la curación, el Ministro Frederick Bailes, en su libro "Poder oculto para problemas humanos" describe cientos de sanaciones efectivas a través de la oración. Este es uno de los métodos alternativos a la medicina química para sanar cualquier enfermedad sin importar el estadio en el que se encuentre.

Lo que descubrió el Dr. Lloyd y sobre lo que los más grandes científicos desde Albert Einstein han pronosticado y validado. "la medicina futura se basará en controlar la energía del cuerpo" profesor William Tiller, Universidad de Stanford. Así es, manejar la energía y sus frecuencias son la cura definitiva.

El código de curación es una alternativa a la oración, ya que los códigos curan los asuntos del corazón de una manera tan eficaz que asuntos profundos de falta de perdón, como el abandono, la violación, el odio, son a veces imposibles de lograr porque conscientemente nos resistimos a perdonar. El asunto es que, sin el perdón, no será posible una sanación, ese sentimiento que se ha enraizado en nuestro yo profundo y debemos liberarlo a como dé lugar, es una frecuencia energética tan dañina que los doctores encontraron que no hay ni un solo caso de cáncer en el que no hubiera una falta de perdón, así mismo en los demás asuntos de éxito, de abundancia, de familia, es necesario encontrar el perdón en nosotros mismos y en aquellos involucrados. El código de curación no funciona al nivel de la oración, ni tampoco es un sustituto de ella.

Y con este libro tengo la intención de llevarlo a su más alta expresión en esta vida, le propongo que use el código de curación en cuanto a la falta de perdón, le será de gran ayuda y más si su asunto se trata de alguna enfermedad, con mayor razón practíquelo.

Si lo requiere en YouTube, está el código de curación para cada asunto del corazón y cómo se practica, yo le recomiendo 2 veces al día hasta que su calificación este en 10. Yo lo practiqué y para mi eran 2 veces al día durante unos 3 días.

El Dr. Ben y el Dr. Lloyd, durante los años que estuvieron dando conferencias en el mundo sobre el código, encontraron que no había un problema grave de salud en el que faltara un componente de falta de perdón. La intolerancia o la falta de perdón, constituye la primera categoría porque muy bien pusiera ser la más importante de todas. Todos aquellos que tienen un problema en cualquier otra categoría, como son amor, alegría, paz, paciencia, amabilidad, bondad, confianza, humildad, autocontrol, está relacionado con la falta de perdón, sin embargo, muchas personas dirán que ya han trabajado en este problema, o que ya está resuelto. La falta de perdón se ve enmascarada por alguna forma de ira, o de irritación, o también por no querer estar cerca de una determinada persona. Muchas personas que son conscientes de que no perdonan lo hacen porque piensan que si perdonan sería como si dejaran al ofensor exento de su ofensa. En realidad, el perdón es una forma elevada de interés propio porque lo libera del causante de la ofensa. En la medida que se niegue a perdonar al ofensor permanecerá unido a él. El mejor acto de amor que puedes hacer por tu familia, por sus hijos por las personas que te rodean es perdonar, y liberar esa energía destructora.

Muchas personas intentan perdonar durante años a su ofensor sin lograrlo, una paciente que fue violada intentó durante años perdonar a su ofensor, ella sabía que no perdonarlo terminaría por arruinar su vida, vivía en una constante languidez que contagiaba a todos a su alrededor, sólo fueron suficientes 10 días con el código curativo sobre la falta de perdón y finalmente logró cortar el cordón que la ataba a su ofensor y liberarse.

PASO 1. ORACIÓN

ARTICULACIONES (Artritis, artrosis, dolor en los huesos)

"Reconozco que mi pobre humanidad es un engaño de la oscuridad que me mantiene separada de la verdad, en la luz reconozco mi morada, todo poder está condensado en su mente universal, el amor, substancia y verbo, es la palabra de Dios expresándose a través de su expresión hecha hombre, La mente universal trabaja por mi desde este momento, mi mente es la mente de Dios, Dios y yo somos uno, el Uno es unidad perfecta, creadora de todo cuanto existe, a su poder entrego mis palabras y creencias, de miedo al futuro, me paralizo ante el cambio, reconozco que mis pensamientos me llenan de inseguridad para expresar lo que yo soy, siento que algo exterior me bloquea para avanzar, me siento cansado de vivir por lo que mi vida ha perdido sentido y esencia, Cualquier pensamiento y creencia erróneo que habite en mi subconsciente yo sé que no volverán en vacío ya que van a la inteligencia divina para que me las devuelva en estado de perfección de donde fue creado. Mi mente volverá al punto inicial de perfección eterna.

Ahora mi mente es renovada sobre la verdad, que sólo existe el amor, que nos guía cada día, escuchando mi corazón ahora conozco el camino, me libero del miedo al futuro ya que el futuro lo construyo desde este presente, y ahora estoy conectado a la mente de la divina perfección entonces mis caminos se abren a la realización de mis grandes deseos. Me muevo en un nuevo mundo que construyo cada día con fluidez, sólo la acción justa es necesaria, encuentro el camino y decido sobre él, soy flexible, y voy confiado porque sé ahora que estoy guiado por la mente suprema. Declaro que acepto no más que la verdad que viene de la mente de dios, dios es perfecto, para El no hay nada imposible, yo soy perfecto y eterno para mí no hay nada imposible. Ahora la luz de la verdad se instala en mi mente y ordena.

Dejó que la ley actúe y cumpla su misión desde ahora me aparto y entrego estas palabras al poder creador que restablece lo falso en verdad y justicia. Yo soy hijo de Dios pertenezco a la santa trinidad, yo sé que he creído una mentira acerca de que merezco sufrimiento, fracaso, insatisfacción. Vengo de la creación, omnipotente, omnipresente y omnisciente, se restablece sobre esa verdad mi mente mi, cuerpo, mi espíritu, solo acepto lo perfecto en cada uno.

La falsedad es oscuridad, encuentro el perdón en mí y el perdón en aquellos que me han herido, el perdón me libera en todos los planos de existencia, en mi mente consciente y subconsciente suprema, mis palabras rompen los falsos esquemas de mi mente, brilla la verdad sobre todas las cosas. Me afirmo como alguien perfectamente guiado y seguro de mí, soy flexible, encuentro el camino al éxito y actúo sobre esta verdad.

Mi punto de vista es equivocado mientras que la divina inteligencia que está actuando ahora conoce la verdad. Me aparto para que ella cale en mi subconsciente, no tengo nada que hacer, sólo la acción justa es suficiente. Dios es amor, Dios no niega la felicidad, entonces yo tampoco he de hacerlo. Esto está en contra de la ley. Restablezco pensamientos de realización, llenos de luz infinita y eterna; Convergen sobre mí, adonde quiera que esté, mientras duermo y mientras realizo mis actividades diarias, los hilos de luz curativos se concentran en mis huesos, articulaciones, y se restauran desde el centro de luz universal vienen los rayos sobre mí y tocan cada célula, cada átomo, cada hueso, en mi cuerpo sin dejar ningún espacio sin penetrar. Las ondas de curación del universo invaden todo mi cuerpo y son restablecidas en el perfecto orden de donde proviene, la energía curativa se restablece en cada filamento de luz del que está compuesto mis huesos y articulaciones, y es renovado a su perfecta composición original, Dios permite esta restauración y ahora mis huesos y articulaciones reflejan su nuevo estado de salud perfecta, Así es.

La acción es Fe.

La curación comienza en el momento en que se adopta una nueva actitud, inmediatamente después de recibir las nuevas órdenes. La ley creativa se dedica a llevarlas a cabo ya sea que observemos o no un cambio. La enfermedad que aparece en noviembre es probable que haya comenzado en junio, la persona estaba enferma aunque pensaba erróneamente que estaba bien. De la misma manera la curación que se manifiesta esta semana o este mes ya ha empezado, aunque la persona cree erróneamente que todavía está enferma.

Este es un punto de suma importancia, cualquiera que no conozca la obediencia instantánea de la ley, puede hacer abortar la curación, abandonando, porque no ve ningún cambio, 'usted podría decir, bueno hice lo que debía y no veo nada" nosotros debemos afirmar continuamente en que la ley creativa está funcionando bajo la superficie desde el momento que le entregamos a la mente infinita su corrección, manteniendo lo que le hemos encomendado. Uno debe perseverar en la tarea, sin tomar en cuenta cualquier manifestación, a veces las curaciones son rápidas otras son graduales, eso depende de la conciencia de la persona en identificar la perfección de su ser. No hay duda que su fuerza está funcionando desde el momento que nos entregamos a ella. La ley no se opone a su propia esencia, hará su obra perfecta, ponga su creencia del lado del infinito y nada podrá detenerla, lo único que podrá detenerla es su creencia que no lo hará.

PASO 2. VISUALIZACIÓN

Después de hacer la oración es de vital importancia para el éxito de la curación, que visualices, lo siguiente:

Del centro de la creación viene una luz compuesta por filamentos y estos filamentos tienen carga eléctrica curativa que es la energía del universo que renueva cada célula y átomo de su cuerpo. Los huesos y articulaciones, son penetrados por estos filamentos de luz y restaurados al origen cuando no existía dolor ni enfermedad. Imagine su cuerpo fundido en los filamentos de luz del universo, su cuerpo está compuesto de energía curativo divina, y ahora le estás devolviendo a tu cuerpo a través de tu mente que es la mente creadora de todo cuanto existe, la salud perfecta que es su derecho divino. Imagínate renovado, curado, y haciendo lo que deseas hacer en tu vida. Imagina la mejor expresión de ti mismo, lo más alto y lo mejor. Envía amor a tus células y siente ese amor por ti, y perdónate por todo sin excepción, reconoce que no eres culpable de nada, eres responsable de la autocorrección, pero jamás culpable. Siente el amor como repara todo tu cuerpo físico y energético, ahora sabes que tu sanación está en curso y nada la puede detener.

PASO 3. AGRADECER

El poder de la gratitud

Vivir agradecido, quiere decir aceptar que la luz pueda entrar en su vida, todo lo que existe en el plano físico es atraído por el poder de la gratitud, probablemente no hay un aspecto que nos traiga mayores bendiciones, la sanación es posible gracias a su poder. Abriendo de par en par la puerta, la expresión del amor divino y sus beneficios. Cuando estás agradecido no solamente la energía de tu cuerpo está en armonía, sino que hay una emisión y una expansión de la luz de tu propia corriente de vida, lo que traduce un estado salud perfecto. Mostrándose agradecidos por las corrientes que fluyen hacia nosotros, estás permitiendo que esa energía limpie las corrientes negativas, así estás cambiando tus emociones y sentimientos. La obstrucción a la sanación es abolida ya que esta frecuencia tiene el fin de dejar entrar en nosotros aquello que rechazamos de manera inconsciente. Si eres capaz de vivir en gratitud, por medio de tus pensamientos y palabras y sentimientos todo lo deseado se manifestaría sin espera. Agradecer es restituir en nuestra vida el más grande beneficio del plan divino que espera ser liberado para cada uno de nosotros. Ya sea en salud, en amor, en abundancia, la expansión de la luz está latente y ella se despertará desde tu estado mental de agradecimiento. Si agradeces por tu salud perfecta, abres el canal de ese propósito en ti, todo depende de la característica del pensamiento que envías. He ahí porque la gratitud te liberara de tus limitaciones. Estamos rodeados e inmersos en puro amor, pero sólo difundiendo tu amor y gratitud a la vida recibirás su eco. Deja de preguntarte ¿por qué a mí? Abandona la culpa, ¡abandona el si lo hubiera hecho de esta manera seria diferente! Esos pensamientos te mantienen en lo mismo, es hora de cambiarlos por gratitud, irás hacia delante, cambiarás tu estado como un milagro, así estas vertiendo la armonía del plan perfecto para ti. La gratitud, es una de las condiciones para el cumplimiento del plan divino, emites luz de amor y esta te será devuelta con el fin de despertar el potencial que hay en el reservorio, Eres el responsable manifestador de todo cuanto eres, y como eres Dios, puedes crear una salud perfecta. Dios está en todo, si piensas en ello, verás la perfección de la vida, la enfermedad, es una oportunidad de sanar un aspecto que debe ser resuelto para que subas en la escala de la conciencia a la manifestación de algo mejor aún que habita en tí. Todos, en cualquier estadio de enfermedad nos podemos sanar. Y una de las medicinas con mayor poder es la gratitud. Ya que así difundes el amor, la luz, la gracia de las energías de alta vibración en ti y sobre tu vida. "la gratitud es una acción magnética de la vida que atrae el cielo sobre la tierra, una acción más intensa del fuego sagrado y de la luz del universo". Con nuestra presencia en la tierra viene inherente una evolución del ser hacia la luz, seguiremos reencarnando vida tras vida o lo haremos en esta vida hasta que comprendamos que el objetivo del alma es un camino de perfeccionamiento hacia la felicidad y libertad. Ahora di: Estoy tan agradecido por... Un significado de Karma dice: karma es lo que piensas eres, lo que piensas creas, por eso tus pensamientos deben ser puros y claros, con el fin de terminar la rueda del karma, así pues si piensas mal de alguien ese daño te regresará, porque eso es experimentar la realidad que estás repartiendo. Dice que no hay ningún acontecimiento en tu vida de los que te mantienen en el ciclo de la reencarnación que no se pueda resolver cuando depures tu actitud, la gente, los lugares, tus pensamientos, lograrás resolverlo. Echarle la culpa a cualquier persona también te mantiene en el karma.

PASO 4. ACCIÓN

Que tus actos no contradigan tus palabras, así que trata en lo posible de no volver a mencionar la enfermedad, mantén palabras siempre positivas respecto a tu vida, quizás si eres inflexible, tómalo en cuenta, si tienes miedo de tomar decisiones, vuélvete consciente de ello y actúa en una nueva dirección, yo sé que es fácil decirlo, pero actuando con valentía, serás cada día más valiente, vence el miedo de expresar quien eres en realidad, estoy segura cada persona tiene un tesoro escondido que dar al mundo. Actúa en pro de tu nueva actitud. La acción es por sí sola la energía en movimiento más densa, así que conectando tus pensamientos, palabras y actos en la imagen más elevada de ti mismo, lograrás tu deseo y lo verás realizarse ante tus ojos.

La ley te apoya y está ahora mismo aunque tú no lo veas está actuando para ti.

Está documentado que millones de personas se han curado en el mundo gracias a la oración, así como lo hice yo, "en la corrección mental está el secreto de todo éxito", si tienes algún caso de enfermedad física o emocional, te sientes fracasado, angustiado, tienes fobias, problemas de adicción, te sientes estancado, cualquier dificultad que quisiera ser curada puedes usar la llave de oro.

Te deseo que todo lo que existe, sea tuyo.

Bibliografía

- Mary Bernedo, Ken Wilber (1987) La conciencia sin fronteras – Editorial Kairos, Barcelona.
- Revista mundo natural, la conciencia de las células. www.revistamundonatural.com
- Delfino carlos, Libre Conciencia, www.lacajadepandora.eu
- El kibalion, los 3 iniciados. Editorial Solar. Abril 2008 Bogotá
- Dr. Lloyd Alexander y Jhonson Ben, Los códigos de curación (2011) editorial Edaf, New York
- Ramtha, el libro blanco (2003) Editorial Arkano books, Madrid
- Ramtha, libertad financiera, (2004) editorial arkano books, Madrid
- www.Theismavision.com
- Bailes Frederick, Poder oculto para problemas humanos, (1975), Editorial Diana, Mexico
- Behrend Genevieve, Tu poder invisible, (2017), editorial máximo potencial
- Cristiani Matteo, entre ondas y particulas, las apasionantes historias del foton, (2016), editorial Bonalletra Alcompas, S.L., España.

www.ingramcontent.com/pod-product-compliance
Lightning Source LLC
Chambersburg PA
CBHW030013190526
45157CB00016B/2564